本学术著作获江西理工大学优秀学术著作出版基金资助

U0277319

大数据
时代的
互联网架构设计

刘辉 / 著

ZHEJIANG UNIVERSITY PRESS
浙江大学出版社

图书在版编目（CIP）数据

大数据时代的互联网架构设计 / 刘辉著. —杭州：
浙江大学出版社，2018.2
ISBN 978-7-308-17304-9

Ⅰ.①大… Ⅱ.①刘… Ⅲ.①互联网络—架构—设计
Ⅳ.①TP393.02

中国版本图书馆 CIP 数据核字（2017）第 203389 号

大数据时代的互联网架构设计

刘　辉　著

策划编辑	吴伟伟
责任编辑	杨利军　　沈巧华
责任校对	丁沛岚
封面设计	续设计
出版发行	浙江大学出版社
	（杭州市天目山路 148 号　邮政编码 310007）
	（网址：http://www.zjupress.com）
排　　版	杭州中大图文设计有限公司
印　　刷	杭州日报报业集团盛元印务有限公司
开　　本	710mm×1000mm　1/16
印　　张	14.25
字　　数	268 千
版 印 次	2018 年 2 月第 1 版　2018 年 2 月第 1 次印刷
书　　号	ISBN 978-7-308-17304-9
定　　价	45.00 元

前言

　　当今世界,信息技术为人类开启了步入智能社会的大门,同时也带动了互联网、物联网、(电子商务、现代物流、网络金融)等现代服务业的发展,带来了车联网、智能电网、新能源、智能交通、智慧城市、高端装备制造等产业的兴起。现代信息技术正成为各行各业运营和发展的引擎,而由于各种业务数据正以几何级数的形式增长,这个引擎正面临着大数据这个巨大的考验。对于数据的格式、收集、储存、检索、分析、应用等诸多问题,已不能再用传统的信息处理技术解决。这给人类迈入数字社会、网络社会和智能社会造成了极大的障碍。

　　数据无疑是新型信息技术服务和科学研究的基石,而大数据处理技术理所当然地成为当今信息技术发展的核心热点。大数据处理技术的蓬勃发展也预示着又一次信息技术革命的到来。随着国家经济结构调整、产业升级的不断深化,信息处理技术的作用日益凸显,而大数据处理技术无疑将在国民经济支柱产业的信息化建设中成为实现核心技术的弯道追赶、跟随发展、应用突破、减少绑架的最佳突破点。

　　当前,市面上已经陆续出版了不少关于大数据的书,有面向大众的概念普及类图书,也有讲解大数据技术的书,本书属于第二类。本书专注于研究与大数据处理有关的互联网架构,全书共分为六章。第一章是绪论,介绍了大数据的发展与相关概念;第二章是大数据处理流程与系统架构,介绍了大数据的基础知识;第三章是大数据基础技术支持,讲述了数据中心与云计算平台的架构、虚拟化技术与数据采集;第四章是大数据存储,介绍了分布式文件系统与分布式数据库,并详细讲述了分布式数据库中的列式存储、文档存储和 Key-Value 存储;第五章是大数据处理,讲述了大数据的两种处理技术——批处理和流式计算,并研究了大数据分析与挖掘的工具与架构;第六章是大数据架构设计实例,讲述了大数据应用实例及大数据在各行各业的应用架构实例。

　　本书在写作过程中参考了大量的书籍,谨向这些书的作者和译者表示真诚的谢意。另外,本书在写作过程中还参考了部分网上相关资料,书中所用部分图片也是通过搜索引擎在网上找到的,但本书对参考网文与图片的来源无法一一注明,在此谨向这些网文与图片的作者或所有者表示感谢,还请见谅。最后需要说明的是,由于作者水平有限,书中难免有不足或错误,敬请各位读者批评指正。

作者
2017 年 5 月

目录

绪　　论

"大数据",一个看似通俗直白、简单朴实的名词,却在全球引领了新一轮数据技术革新的浪潮。人类的数字世界可以包括数字电影、ATM 中的银行数据、机场和重要活动(比如奥林匹克运动会)的安全录像、欧洲原子能研究机构中大型强子对撞机的亚原子碰撞记录、高速公路收费记录、通过数字电话线路传输的语音通话、用于日常沟通使用的文本等。

根据 IDC(International Data Corporation,国际数据公司)"数字世界"研究项目的统计,2010 年全球数字世界的规模为 1.227ZB,首次达到了 ZB(1ZB＝1 万亿 GB)级别;而 2005 年只有 130 EB,5 年增长约 9 倍。这种爆炸式的增长意味着,到 2020 年我们的数字世界规模将达到 40ZB,即 15 年增长约 30 倍。如果单就数量而言,40ZB 相当于地球上所有海滩上的沙粒数量的 57 倍。如果用蓝光光盘保存所有这些 40ZB 数据,这些光盘(不包括任何光盘套和光盘盒)的重量将相当于 424 艘尼米兹级航空母舰(满载排水量约 10 万吨)的重量,或者相当于世界上每个人拥有 5247GB 的数据。[①]无疑,我们已经进入了大数据时代。

第一节　大数据概述

一、大数据的概念与特征

(一)大数据的概念

对于"大数据"(Big Data),研究机构 Gartner 给出了这样的定义:大数据是需

---

① 王田.大数据时代航空企业科技情报翻译工作刍议.中国航空学会管理科学分会 2015 年学术交流会,2015.

1

要新处理模式才能具有更强的决策力、洞察力和流程优化能力的海量、高增长率和多样化的信息资产。

麦肯锡全球研究所给出的定义是：一种规模大到在获取、存储、管理、分析方面大大超出了传统数据库软件工具能力范围的数据集合，具有海量的数据规模、快速的数据流转、多样的数据类型和低价值密度四大特征。

大数据技术的战略意义不在于掌握庞大的数据信息，而在于对这些含有意义的数据进行专业化处理。换言之，如果把大数据比作一种产业，那么这种产业实现盈利的关键，在于提高对数据的"加工能力"，通过"加工"实现数据的"增值"。

从技术上看，大数据与云计算的关系就像一枚硬币的正反面一样密不可分。对大数据必然无法用单台的计算机进行处理，而必须采用分布式架构。分布式架构的特色在于对海量数据进行分布式数据挖掘，但它必须依托云计算的分布式处理、分布式数据库和云存储、虚拟化技术。

随着云时代的来临，大数据也引起了越来越多的关注。著云台分析师团队认为，大数据通常用来形容一个公司创造的大量非结构化数据和半结构化数据，将这些数据下载到关系型数据库用于分析时会花费很多时间和金钱。大数据分析常和云计算联系在一起，因为要进行实时的大型数据集分析，需要有像 MapReduce（简称 MR）一样的框架来向数十、数百甚至数千的电脑分配工作。

（二）大数据的特征

当前，较为统一的认识是大数据有四个基本特征：数据量（Volume）大，数据类型（Variety）多，数据处理速度（Velocity）快，数据价值密度（Value）低，即所谓的"4V"特性。这些特性使得大数据有别于传统的数据概念。大数据的概念与"海量数据"不同，后者只强调数据的量，而大数据不仅用来描述大量的数据，而且更进一步指出数据的复杂形式、数据的快速时间特性以及对数据进行专业化处理以最终获得有价值信息的能力。

1. 数据量大

大数据聚合在一起的数据量是非常大的，根据 IDC 的定义，至少要有超过100TB 的可供分析的数据才能被称为大数据，数据量大是大数据的基本属性。导致数据规模激增的原因有很多。首先是随着互联网的广泛应用，使用网络的人、企业、机构增多,数据获取、分享变得相对容易。以前,只有少量的机构可以通过调查、取样的方法获取数据,同时发布数据的机构也很有限,人们难以在短期内获取大量的数据。而现在,用户可以通过网络非常方便地获取数据,同时用户通过有意地分享和无意地点击、浏览都可以快速地提供大量数据。其次是随着各种传感器的数据获取能力大幅提高,人们获取的数据越来越接近原始事物本身,描述同一事物的数据激增。早期的单位化数据,对原始事物进行了一定程度的抽象,数据维度低,数据类型简单,多采用表格的形式来收集、存储、整理,数据的单位、量纲和意义基本统一,存储、处理的只是数值而已,因此数据量有限,增长速度慢。而随着数据应用的发展,数据维度越来越高,描述相同事物所需的数据量越来越大。以当前最为普遍的网络数据为例,早期,网络上的数据以文本和一维的音频为主,维度低,单位数据量小。近年来,图像、视频等二维数据大规模涌现,而随着三维扫描设备以及 Kinect 等动作捕捉设备的普及,数据越来越接近真实的世界,数据的描述能力不断增强,数据量本身必将以几何级数增长。此外,数据量大还体现在人们处理数据的方法和理念发生了根本改变。早期,人们对事物的认知受限于获取、分析数据的能力,人们一直利用采样的方法,以少量的数据来近似地描述事物的全貌,样本的数量可以根据数据获取、处理能力来设定。不管事物多么复杂,只要通过采样得到部分样本,使数据规模变小,就可以利用当时的技术手段来进行数据管理和分析。如何通过正确的采样方法以最小的数据量尽可能分析整体属性成了当时的重要问题。随着技术的发展,虽然样本数目逐渐逼近原始的总体数据,但在某些特定的应用领域,采样数据可能远不能描述整个事物,反而丢掉大量重要细节,甚至可能使人们得到完全相反的结论。因此,当今有直接处理所有数据而不是只考虑采样数据的趋势。使用所有数据可以带来更高的精确性,从更多的细节来解释事物属性,同时也必然使得要处理的数据量显著增多。

2. 数据类型多

数据类型繁多,复杂多变是大数据的重要特性。以往的数据尽管数量庞大,但通常是事先定义好的结构化数据。结构化数据是将事物向便于人类和计算机存储、处理、查询的方向抽象的结果。在抽象的过程中,忽略一些在特定的应用下可以不考虑的细节,抽取了有用的信息。处理此类结构化数据,只需事先分析好数据的意义以及数据间的相关属性,构造表结构来表示数据的属性。数据都以表格的形式保存在数据库中,数据格式统一,以后不管再产生多少数据,只需根据其属性,将数据存储在合适的位置,都可以方便地处理、查询,一般不需要为新增的数据显著地更改数据聚集、处理、查询方法,限制数据处理能力的只是运算速度和存储空间。这种关注结构化信息,强调大众化、标准化的属性使得处理传统数据的复杂程度呈线性增长,新增的数据可以通过常规的技术手段处理。而随着互联网与传感器的飞速发展,非结构化数据大量涌现,非结构化数据没有统一的结构属性,难以用表结构来表示,在记录数据数值的同时还需要存储数据的结构,这增加了数据存储、处理的难度。而时下在网络上流动着的数据大部分是非结构化数据,人们上网不只是看看新闻,发送文字邮件,还会上传下载照片、视频,发送微博等非结构化数据。同时,存在于工作、生活中各个角落的传感器也不断地产生各种半结构化、非结构化数据,这些结构复杂,种类多样,同时规模又很大的半结构化、非结构化数据逐渐成为主流数据。非结构化数据量已占数据总量的 75% 以上,且非结构化数据的增长速度比结构化数据快 10 倍到 50 倍。[①] 在数据激增的同时,新的数据类型层出不穷,已经很难用一种或几种规定的模式来表征日趋复杂、多样的数据形式,这样的数据已经不能用传统的数据库表格来整齐地排列、表示。大数据正是在这样的背景下产生的,大数据与传统数据处理最大的不同就是是否重点关注非结构化信息,大数据关注包含大量细节信息的非结构化数据,强调小众化、体验化的特性使得传统的数据处理方式面临巨大的挑战。

3. 数据处理速度快

快速处理数据,是大数据区别于传统海量数据处理的重要特性之一。随着各种传感器和互联网络等信息获取、传播技术的飞速发展与普及,数据的产生、发布越来越容易,产生数据的途径增多,个人甚至成了数据产生的主体之一。数据呈爆炸的形式快速增长,新数据不断涌现,快速增长的数据量要求数据处理的速度也相应地提升,以使大量的数据得到有效的利用,否则不断激增的数据不但不能为解决问题带来优势,反而会成为快速解决问题的负担。同时,数据不是静止不动的,而是在互联网络中不断流动的,且通常这样的数据的价值是随着时间的推移而迅速降低的。如果数据尚未得到有效的处理,就会失去价值,大量的数据就

---

① 杜晋国. 大数据时代对传统侦查模式的影响. 法制博览,2017(8):10-13.

没有意义了。此外,许多应用要求能够实时处理新增的大量数据,比如有大量在线交互的电子商务应用,就具有很强的时效性。大数据以数据流的形式产生,快速流动,迅速消失,且数据流量通常是不稳定的,会在某些特定时段突然激增,数据的涌现特征明显。而用户对于数据的响应时间通常非常敏感,心理学实验证实,从用户体验的角度看,瞬间(3 秒钟)是可以容忍的最大极限。对于大数据应用而言,很多情况下都必须要在 1 秒钟或者瞬间形成结果,否则处理结果就是过时和无效的。这种情况下,大数据就要快速、持续地实时处理。对不断激增的海量数据的实时处理要求,是大数据与传统海量数据处理技术的关键差别之一。

4. 数据价值密度低

数据价值密度低是大数据关注的非结构化数据的重要属性。传统的结构化数据,依据特定的应用,对事物进行了相应的抽象,每一条数据都包含该应用需要考量的信息;而大数据为了获取事物的全部细节,不对事物进行抽象、归纳等处理,直接采用原始的数据,保留了数据的原貌,且通常不对数据进行采样,直接采用全体数据。减少采样和抽象,呈现所有数据和全部细节信息,有助于分析更多的信息,但也引入了大量没有意义的信息,甚至是错误的信息,因此相对于特定的应用,大数据关注的非结构化数据的价值密度偏低。以当前广泛应用的监控视频为例,在连续不间断的监控过程中,大量的视频数据被存储下来,许多数据可能无用,对于某一特定的应用,比如获取犯罪嫌疑人的体貌特征,有效的视频数据可能只有一两秒,大量不相关的视频信息增加了获取这有效的一两秒数据的难度。而大数据的数据密度低是指对于特定的应用,有效的信息相对于数据整体是偏少的,信息有效与否也是相对的,对于某些应用无效的信息,对于另外一些应用则成为最关键的信息。数据的价值也是相对的,有时一个微不足道的细节数据就可能造成巨大的影响,比如网络中的一条几十个字符的微博,就可能通过转发而快速扩散,导致相关信息大量涌现,其价值不可估量。因此,为了保证对于新产生的应用有足够的有效信息,通常需保存所有数据。这样,一方面使得数据的绝对数量激增;另一方面,使得数据的有效信息的比例不断降低,数据价值密度降低。

从 4V 角度可以很好地看到传统数据与大数据的区别,如表 1-1 所示。

表 1-1　传统数据与大数据的区别

属性	传统数据	大数据
数据量（Volume）	GB,TB	TB,PB 及以上
处理速度（Velocity）	数据量相对稳定,增长不快	持续、实时产生数据,增长量大
数据类型（Variety）	结构化数据为主,数据源不多	结构化、半结构化、音频视频、多维多源数据
价值密度（Value）	统计和报表	数据挖掘、分析预测、决策

(三)大数据的来源与类型

大数据的数据可以来自泛互联网、物联网、行业或企业。泛互联网的数据主要由门户网站、电子商务网站、视频网站、博客系统、微博系统等产生的数据构成。这些数据总量一般在 PB 级到 EB 级之间,数据量庞大。物联网的数据主要由具有信息采集功能的电子设备产生的数据构成,如摄像头、刷卡设备、传感设备、遥感设备等,这些设备产生的数据价值密度低,但其数据量更庞大,通常是在 EB 级,如何存储和处理这些数据是大数据面临的挑战。行业或企业的数据主要是管理信息系统产生的数据,常用的管理信息系统包括 ERP(Enterprise Resource Planning,企业资源计划)系统、CRM(Customer Relationship Management,顾客关系管理)系统、OA(Office Automation,办公自动化)系统和运营系统等,数据总量一般在 GB 级和 TB 级之间。

大数据的数据类型主要有非结构化数据、半结构化数据、结构化数据三种。非结构化数据由图片、文字、音频、视频、日志和网页等内容构成,以文件为单位存储,非结构化数据是存储在分布式文件系统中的。半结构化数据由位置、视频、温度等内容构成,以数据流的形式进入处理系统,处理后也以文件为单位存储,半结构化数据同样也是存储在分布式文件系统中的。结构化数据的内容可以是任何事和物的记录信息,以表格的形式存在,结构化数据一般存储在分布式数据库系统中。对于不同类型的数据,通常可以采用分布式文件或分布式数据库进行存储,采用关系型记录、文本文件或流数据进行数据处理。对于内容构成不同的数据类型,其应用算法也会有所不同。

(四)大数据实例

大数据并非是用于激励和迷惑 IT 一族的抽象概念,它是世界各地数字活动雪崩的结果。很多数据都是我们在不经意间产生的,我们日常的一举一动都会给大数据留下印记。

在现实的生活中,一分钟也许微不足道,连沏一壶茶都不够,但是数据的产生是一刻也不停歇的。让我们看看美国数据分析公司 Domo 对于一分钟内到底会有多少数据产生的总结:YouTube 用户上传时长为 48 小时的新视频;电子邮件用户发送 204166677 条信息;Google(谷歌)收到超过 2000000 个搜索查询请求;Facebook 用户分享 684478 条内容;消费者在网购上花费 272070 美元;Twitter 用户发送超过 100000 条微博;Apple(苹果)收到大约 47000 个应用下载请求;Facebook 上的品牌和企业收到 34722 个"赞";Tumblr 博客用户发布 27778 个新帖子;Instagram 用户分享 36000 张新照片;Flickr 用户添加 3125 张新照片;Foursquare 用户执行 2083 次签到;571 个新网站诞生;WordPress 用户发布 347 篇新博文;移动互联网获得 217 个新用户。

数据还在不停地增长,并且没有慢下来的迹象。据中国互联网数据中心统计:[①]

(1)淘宝网每天同时在线的商品数量已经超过了 8 亿件,平均每分钟售出 4.8 万件商品。

(2)Foursquare 用户签到信息达到了 200 亿条。

(3)Facebook 网站上每天的评论达 32 亿条,每天新上传的照片达 3 亿张。

(4)YouTube 每天的页面浏览次数达到 20 亿次,一周上传 15 万部电影,每天上传 83 万段视频。

(5)新浪微博注册用户已超过 3 亿人,用户平均每天发布超过 1 亿条微博。

毫无疑问,地理空间数据奠定了地理信息产业的基础。随着数据的收集、分发、管理和处理技术的进步,地理信息数量呈现出指数级增长态势。

1:50000 地形图是我国的国家基本图,是按规定要求覆盖全部国土范围的精度最高的地形图。1:50000 基础地理信息数据库是由计算机系统管理的1:50000地形

---

① 李志刚.大数据:大价值、大机遇、大变革.北京:电子工业出版社,2012.

图系统。于 2006 年初步建成的 1∶50000 基础地理信息数据库,总数据量为 5.3TB,相当于 8000 张光盘的存储量。① 截至 2011 年,数据库更新工程完成了 19150 幅 1∶50000 地形图的数据更新与完善,对 20 多万张航空相片和 8000 多景卫星遥感影像进行了信息处理,工程成果数据量达到 12.3TB。此项工程还建立了全新的数据库管理和服务系统。②

2006 年,谷歌公司的一篇学术论文透露,谷歌地球(Google Earth)的数据量已达 70.5TB,其中包括 70TB 的原始图像和 500GB 的索引文件。③ 而在 2010 年,据李开复估算,谷歌地球需要至少 50 万 TB(约等于 500PB)的海量空间来存储地表的图像。④

另外,还有一些新兴的与位置相关的大数据。

(1)个人位置数据(Personal Location Data)。其主要来源是带 GPS(Global Positioning System,全球定位系统)芯片的设备、移动基站定位(可识别全球近 50 亿台移动设备的位置)。2009 年,全球个人位置数据量已达 1～3PB,并以每年 20％的速度增长。据预测,到 2020 年,个人位置应用将为服务提供商带来 1000 亿美元的收入,为终端用户创造 7000 亿美元的价值。

(2)可地理定位的照片和视频。地理标签(Geotagging)是向照片、视频、网站、短信息等添加地理标识元数据的过程,是一种地理空间元数据的形式。Flickr⑤ 中有接近 2 亿个具有地理标签的照片和短视频(PB 级)。

(3)可地理定位的超文本网页。地理编码(Geocode)是地理空间属性的组合,

---

① "十五"中国测绘工作成就斐然 1∶50000 数据库工程通过验收.(2006-02-24)[2016-05-03]. http:∥www. china. com. cn/chinese/MATERIAL/1133979. htm.

② 国家测绘地理信息局. 数字中国地理空间框架初步建立.(2011-08-25)[2016-05-03]. http:∥www. china. com. cn/zhibo/zhuanti/ch-xinwen/2011-08/25/content_23279021. htm.

③ Chang F,Dean J,Ghemawat S,et al. Big table:a distributed storage system for structured data. Symposium on Operating Systems Design and Implementation,2006,26(2):15.

④ Google 云计算将谷歌海洋与谷歌火星带到桌面.(2010-09-26)[2016-05-07]. http:∥www. ccidnet. com/2010/0926/2199259. shtml.

⑤ Flickr,雅虎旗下图片分享网站。是提供免费及付费数位照片储存、分享方案的线上服务,也提供网络社群服务的平台。其重要特点就是以社会网络的人际关系的拓展与内容的组织为基础。这个网站的功能强大,已超出了一般的图片服务,比如提供联系人服务、组群服务。

例如经度、纬度、海拔高度、坐标参照系、大地测量参考系等。维基百科中有超过544万条具有地理编码的条目(TB级)。①

下面再来看看,EMC(易安信)②等公司作为大数据背后的支持者,如何促使我们以全新的视角洞察我们的生活。

(1)过去十年,EMC公司发出了11.6 EB的存储量,占发出的所有外部存储容量的24%。产生大数据的领域主要包括医学成像、数字音乐、数字图片、智能电网、视频监控、基因测序、社交媒体和手机传感器等。

(2)纽约—泛欧交易所使用软件对其在美国市场所处理的每一笔订单进行分析和存档。2011年,平均每天分析和存档的订单超过20亿笔。

(3)Broad Institute(博德研究所)使用10PB的存储容量执行基因测序。基因测序公司Ambry Genetics的数据量以每年100%的速度增长。

(4)Legend 3D(2D-3D介质转换)曾经为《变形金刚》《蓝精灵》《雨果》《蜘蛛侠》等卖座大片提供特效制作。电影制作过程中,400位艺术家的表演每周生成超过100TB的数据。

(5)美联社提高了高清视频的访问速度。其数据量从2012年的800TB增加到2013年的2.5PB。

(6)2011年,LinkedIn(领英)会员在平台上进行了近42亿次专业化搜索。2012年这个数字超过了53亿。

(7)依靠相关技术的支持,Silver Spring Networks(银泉网络)能够在1分钟时间内分析超过100万个智能电表的数据。

(8)美国国家棒球名人堂博物馆运营的平台上存储了50万张照片、1.2万小时的音频和视频、300万个文档和4万个三维制品等。

(9)eBay(易贝)拥有900万用户,每天存储和管理的对象超过5亿个。

(10)JFX Archive存储了840万份来自个人、国会和总统的文件,以及4000万份与政府有关的人员的文件。同时,档案中还有40万张照片、9000小时的录音和

---

① The Definitive Geo-Location API For Wikipedia. [2016-06-05]. http://wikilocation.org.

② EMC为一家美国信息存储资讯科技公司,主要业务为信息存储及管理产品、提供服务和解决方案。

1200 小时的录像。

(11)Stereo D 公司和 Deluxe Entertainment 公司通过技术手段实现 3D 渲染。将来,3D 电影的数据量有望达到 10PB。

(12)由于交互式音频和视频内容市场的扩大,拥有 200 年历史的出版商 John Wiley and Sons 在 2010 年到 2011 年期间存储数据量从 15TB 增加到 150TB。

(13)美国足球队 Fulham 使用设备存储所有闭路监控视频,其使用的 27 个摄像头的分辨率非常高,可以读取 60 米远的号码牌。

(14)DigitalGlobe 的图像库使用了 2PB 的存储容量,存储了 18.7 亿平方千米的地球图像。

(15)美国国会图书馆每年可对 75 万到 100 万条书目进行数字化。

(16)ComScore 公司每个月可以处理 1 万亿份客户记录,远远超过 2011 年的每月 4730 亿份。

二、大数据的发展与前景

(一)大数据的发展历程

大数据作为一个专有名词迅速成为全球的热点,主要是因为近年来互联网、云计算、移动通信和物联网迅猛发展。无所不在的移动设备、无线传感器、智能设备和科学仪器每分每秒都在产生数据,面向数以亿计的用户的互联网服务时时刻刻都在产生大量的交互数据。要处理的数据量实在是太大,数据增长速度实在太快,而业务需求和竞争压力对数据处理的实时性、有效性又提出了更高的要求,传统的常规技术手段根本无法应付。[1]图 1-1 展示了大数据的发展历程。

从 2009 年开始,大数据逐渐成为互联网信息技术行业的关注热点。2011 年 5 月,麦肯锡全球研究院发布题为《大数据:创新、竞争和生产力的下一个前沿领域》的报告,正式提出了"大数据"这个概念。该报告描述了已经进入每个部门和经济领域的数字型数据的状态和其成长中的角色,并提出充分的证据表明大数据能显著地为国民经济做出贡献,为整个世界经济创造实质性的价值。

该报告深入研究了五个领域来观察大数据是如何创造出价值的,并研究了大

---

[1] Schwab K. Big data, big impact, new possibilities for international development. 2012.

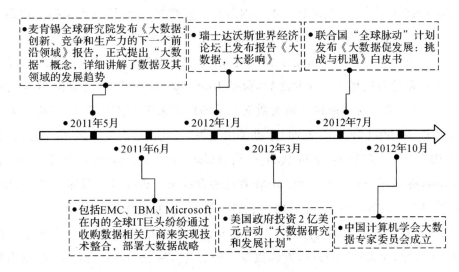

图 1-1　大数据的发展历程

数据的变革潜力。这五个领域包括美国医疗卫生、欧洲联合公共部门管理、美国零售业、全球制造业和个人地理位置信息。这五个领域不仅代表了全球经济的核心领域，也说明了一系列区域性的观点。通过对这五个领域的详细分析，该报告提出了五个可以利用大数据的变革潜力创造价值的、广泛适用的方法，具体如下。

（1）创造透明度，让相关人员更容易地及时获得大数据，以此来创造巨大的价值。

（2）通过实验来发现需求、呈现可变性和增强绩效。越来越多的公司在以数字化的形式收集和存储大量非常详细的商业交易数据。因为这样不仅可以访问这些数据，有时还可以控制数据生成的条件，所以最终的决策可能会截然不同。这其实就是将更加科学的方法引入管理中，特别是决策者可以设计和实施实验，经过严格的定量分析后再做出决策。

（3）细分人群，采取灵活的行动。利用大数据，可以创建精细的分段，精简服务，更精确地满足顾客的需求。这种方法在市场和风险管理方面比较常见，像公共部门管理这样的领域也可以借鉴。

（4）用自动算法代替或帮助人工决策。精密的分析算法能够实质性地优化决策，减少风险，发掘有价值的观点，而大数据能提供用于开发精密分析算法或算法需要操作的原始数据。

(5)创新商业模式、产品和服务。因为有了大数据,所以所有类型的企业都可以创新产品和服务,改善现有的产品和服务,并开发全新的商业模式。

这份报告在互联网上引起了强烈的反响。报告发布后,"大数据"迅速成为计算机行业的热门概念。在此之后,包括 IBM、Microsoft(微软)、EMC 等在内的国际 IT 巨头公司纷纷通过收购大数据相关的厂商来实现技术整合,积极部署大数据战略。① 2011 年 5 月,EMC 举办了主题为"云计算遇上大数据"的全球会议,IBM 则发布了大数据分析软件平台 InfoSphere BigInsights 和 InfoSphere Streams,将 Hadoop 开源平台与 IBM 系统整合起来。2011 年 7 月至 8 月,Yahoo(雅虎)、EMC 及 Microsoft 先后推出了基于 Hadoop 的大数据处理产品。

2012 年 1 月,大数据成为瑞士达沃斯全球经济论坛的主题,论坛发布了一份题为《大数据,大影响》的报告,宣称数据已经成为一种新的经济资产类别,就像货币或黄金一样。

2012 年 3 月,美国政府宣布投资 2 亿美元用于大数据领域,并把大数据定义为"未来的新石油"。白宫科技政策办公室在 2012 年 3 月 29 日发布《大数据研究和发展计划》,并组建"大数据高级指导小组"。② 此举标志着美国把如何应对大数据技术革命带来的机遇和挑战,提高到国家战略层面,形成全体动员格局。随后在全球掀起了一股大数据的热潮。

2012 年 7 月,联合国"全球脉动"计划发布了《大数据促发展:挑战与机遇》白皮书。该计划旨在通过对互联网实时数据的分析,更及时地了解人们所面临的困难和挑战,并提出改善这些境况的决策,为宏观经济的发展决策提供支持。

2012 年 10 月,中国计算机学会成立了大数据专家委员会。委员会的宗旨包括三个方面:探讨大数据的核心科学与技术问题,推动大数据学科方向的建设与发展;构建面向大数据产学研用的学术交流、技术合作与数据共享平台;为相关政府部门提供大数据研究与应用的战略性意见与建议。委员会还成立了五个工作组,

---

① Big Data is a big deal. (2012-03-29)[2016-04-05]. https://obamawhitehouse. archives. gov/blog/2012/03/29/big-data-big-deal.

② Pulse UG. Big data for development: opportunities & challenges. (2012-01-22)[2016-05-05]. http://reports. weforum. org/big-data-big-impact-new-possibilities-for-international-development-info/.

分别负责大数据相关的会议(学术会议、技术会议)组织、学术交流、产学研用合作、开源社区与大数据共享联盟等方面的工作。这标志着大数据在我国信息技术领域的地位得到确立。

(二)大数据的机遇与挑战

对当今企业而言,大数据既是绝佳的商机,也是巨大的挑战。当今企业的高速发展及数字世界所创造的海量数据,要求采用新方法从数据中提取价值。在结构化和非结构化数据流背后,隐藏着一些问题的答案。但是,企业甚至都没有想到问这些问题,或者由于技术限制尚未能提出这些问题。大数据迫使企业寻找接近数据的新方式并——找出其中蕴藏着什么以及如何对其加以利用。存储、网络和计算技术领域的最新发展使得企业能经济、高效地利用大数据并使其成为形成业务优势的有力来源。①

Forrester Research 公司估计,企业仅能有效利用不到 5% 的可用数据,这是因为要处理其余数据的代价不菲。大数据的技术和方法是一项重要进步,因为它们使得企业能经济高效地处理被忽视的那 95% 的数据。如果两家公司以相同的效率利用数据,其中一家处理 15% 的数据,而另一家只能处理 5%,哪家公司更有可能胜出? 企业若能发掘大数据来改善战略并提升执行能力,也就代表他们正在拉开与竞争者的距离。

如果使用正确,大数据可以带来洞察力,从而有助于制定、改善和重导业务计划,发现运营路障,简化供应链,更好地理解客户,开发新的产品、服务和业务模式。尽管企业对大数据的有用性有了清晰的认识,但通往大数据生产率的道路仍不明确。成功利用大数据洞察力要求在成熟技术、新式工作人员技能和领导力重心方面具有实际投入。

企业嗅到了大数据蕴藏的商业价值,并清楚地认识到必须加快将大数据进化成超越传统意义的商业智能,方法就是在每个决策核心中应用数据分析。

以消费品生产和零售业为例②,从 20 世纪 70 年代到 80 年代早期,包装消费品

---

① Gupta R,Gupta H,Mohania M. Cloud Computing and Big Data Analytics:What Is New from Databases Perspective? Berlin:Springer,2012.

② Bill Schmarzo. 大数据分析:借助大数据和高级分析获得竞争优势. EMC 视点,2011.

生产商和零售商在经营业务时会参考 AC Nielsen 半月刊市场报告。这些报告提供了竞争对手和市场的数据（如收入、销售量、平均价格和市场份额等），生产商借此来确定销售、营销、广告和促销战略、计划，以及与渠道合作伙伴（如分销商、批发商和零售商）相关的开支。到 20 世纪 80 年代中期，Information Resources Inc. (IRI)推行在零售地点安装免费的销售点扫描器，俗称"POS 机"，以交换其中的销售数据。零售商愉快地接受了这样的交换，因为劳动力是他们的最大成本构成，而且那时他们对 POS 机数据的价值认识很有限。这种在当时被视为大数据的 POS 机数据改变了游戏规则、经营业务方式，行业内（在生产商和销售商之间）的权力也发生了转变。数据量从 MB 级上升到 TB 级，催生了新一代存储和服务器平台，以及各种分析工具。沃尔玛等前沿公司利用这种新的大数据和新的分析平台与工具获得了竞争优势。这些公司率先开发了新类别的大数据、分析驱动型业务应用程序，以一种具有成本效益的方式解决了之前不能如此解决的业务问题，例如基于需求的预测、供应链优化、交易支出有效性分析、市场购物篮分析、分类管理和商品阵列优化、价格/收益优化、商品减价管理、客户忠诚度计划等。30 年后，一切似乎又回到了从前。对新的、低延迟的、细粒度的、多样化的数据源（大数据）的开发具有改变企业和行业运营方式的潜力。这些新的数据源来自于一系列设备、客户交互和业务活动，能揭示对企业和行业价值链的深刻见解。随着这些更详细的新数据源的出现，各大企业又发现了以前未察觉的商机，引发了创造新业务应用程序系列的热潮。然而，要实现这一切，还需要新的平台（基础架构）和工具（分析）。

数据需要一种可以让业务和技术都获得竞争优势的新型分析平台。新平台对海量数据集具有更高级别的处理能力，不仅能让企业不断地对大数据内蕴藏的可操作性提出深刻见解，还能实现与用户网络环境的无缝集成（无位置限制）。这种新的分析平台能够让企业的对海量数据和改进业务决策进行前瞻式预测分析，让企业从回顾性报告的旧方式中解脱出来。

然而，处理新的大数据，对平台提出了如下三个重大的挑战。①

---

① EMC 咨询服务部.利用大数据获得竞争优势:分析带来改变游戏规则的商机.2011.

1.线性可扩展性支持分析大型数据集

(1)可实现对大规模数据集(TB级到PB级)的分析。这至关重要,因为多数大数据项目开始的时候规模很小,但随着业务部门的持续使用,规模会迅速变大。

(2)对海量数据的利用意味着能以完全不同的方式解决业务问题。

2.低延迟数据访问有助于加快决策

(1)许多商机都是一闪即逝的,所以只有那些能够最快地从数据中发现商机并采取行动的企业才能实现商业价值。

(2)缩短数据事件与数据可供使用这两者之间的时间,让运营分析成为现实。

3.集成数据分析帮助实现新业务应用程序

(1)将分析集成到与数据仓库和商情相同的环境中,将加快分析生命周期流程,并使分析结果更快地实现可操作化或能够据此采取行动。

(2)业务用户对数据、图表和报告选项的需求已经饱和,不管如何优雅地推出它们,都没有太多必要了。业务用户需要的是一种能为其业务找出并提供可操作的实质性见解的解决方案。

新平台帮助实现分析的数据类型让企业可以大大加快分析过程,并且更轻松地将分析结果重新集成到数据仓库和商情环境中。在此过程中,它将带来一些新的商机。

大数据是一股席卷所有行业、领域和经济体的"破坏性"力量。不仅企业信息技术体系结构需要改变以适应它,而且几乎企业内的所有部门都需要针对其提供的信息、揭示的洞察力做出调整。数据分析将成为业务流程的一部分,而不再是仅由经过培训的专业人员履行的独特职能。

而这仅仅是开始。一旦企业开始利用大数据获得洞察力,他们根据该洞察力采取的行动就将具有改进业务的潜能,这一点目前已得到证实。如果营销部门能通过分析社交网络评论获得对有关新品牌推广活动的即时反馈,焦点小组访谈和客户调查是否会变得过时?敏锐地了解到大数据价值的新公司不仅会给现有的竞争对手带来挑战,还可以开始定义所在行业的经营方式。随着企业努力、快速地理解之前所不能捕获的概念,如情感和品牌认知,企业与客户关系也将发生转变。

发挥大数据的巨大潜能要求对数据管理、分析和信息智能进行全盘考虑。在各个行业,领先利用大数据的企业将能提升运营效率,开创新的收入流,发掘差异竞争优势及全新的业务模式。企业应开始从战略角度考虑如何针对大数据准备其发展。

(三)大数据的发展前景

大数据由于其本身附带或隐含特殊的价值,被类比为新时代的石油、黄金,甚至被视为"一种与资本与劳动力并列的新经济元素"。也就是说,大数据不仅在生产过程中形成产品和产生价值的环节中起着重要的作用,而且其本身更是作为像资本和劳动力这样的生产要素,是产品生产中不可或缺的元素,也是最终产品中不可分割的一部分。

赛迪顾问公司 2012 年的《大数据产业生态战略研究》报告指出,大数据将在以下三个方面发挥巨大的作用。[①]

1. 大数据为新一代信息技术产业提供核心支撑

大数据问题的爆发以及大数据概念在全球的普及,是现代信息技术发展的必经阶段。互联网以及移动网络的飞速发展使得网络基础设施无所不在,网络带宽也在不断拓展。最新的移动 4G LTE 网络将支持 166 Mbps 的峰值下载速度,下载一部蓝光电影只需 4 分钟,这使得人们能够随时随地进行数据访问。而云计算、物联网、社交网络等新兴事物的兴起和发展,则使得每时每刻都在以前所未有的速度产生新数据。比如随着智能电表的普及,电表数据的采集频率由原来的一天一次增加到每 15 分钟一次,也就是一天 96 次,总的数据采集规模将达到原来的近 2 万倍。大数据是信息技术和社会发展的产物,而大数据问题的解决又会促进云计算、物联网等新兴信息技术的真正落地和应用。大数据正成为未来新一代信息技术融合应用的核心,为云计算、物联网、移动互联网等各项新一代信息技术相关的应用提供坚实的支撑。

2. 大数据正成为社会发展和经济增长的高速引擎

大数据蕴含着巨大的社会、经济和商业价值。大数据市场的井喷会催生一大批面向大数据市场的新模式、新技术、新产品和新服务,进而促进信息产业的加速

---

① 李国杰.大数据研究的科学价值.中国计算机学会通讯,2012,8(9):8-15.

发展。同时大数据影响着我们工作、生活和学习的方方面面，大到国家发展战略、区域经济发展以及企业运营决策，小到个人每天的生活。

从国家发展战略层面上来说，大数据对于全球经济、国计民生、政策法规等方面都至关重要，美国政府把大数据的研究和发展上升到国家战略层面正是出于这方面的考虑。实际上，奥巴马竞选连任的成功，就是依赖大数据的威力。奥巴马团队在竞选取胜中发挥重要作用的数据分析团队被称为"核代码"，其重要性显而易见。在大选前的两年中，他的数据分析团队就一直在收集、存储和分析选民数据。大选中的很多战略方案都是通过分析这些数据制定出来的，包括如何筹集竞选资金，如何进行广告投放，如何拉拢摇摆州选民和制定相应的宣传策略、奥巴马在竞选后期应当在什么地方展开活动等。

在区域规划及城市发展方面，大数据在我国正在大力建设的"智慧城市"中将扮演不可或缺的角色。智慧城市的本质是将各行各业的数据关联打通，从中分析挖掘出模式和智能，从而形成城市的智慧联动。而其中从数据的采集到数据的分析挖掘，以及形成智能决策的每个过程，都离不开大数据的支撑。智慧城市的建设，将有力地促进政务及社会化管理，改进民生，发展生产，形成一系列有地方特色的、有清晰运营模式的新一代智能行业应用。

在企业发展方面，大数据将助力企业深度挖掘和利用数据中的价值，完成智能决策，在企业运营中提高效率，节省成本；在市场竞争中制定正确的市场战略，把握市场先机，规避市场风险；在市场营销中全面掌握用户需求，进行精准营销和个性化服务。企业的决策正在从"应用驱动"转向"数据驱动"，能够有效利用大数据并将其转化为生产力的企业，将具备核心竞争力，成为行业领导者。

在个人生活方面，大数据已经深入与我们生活息息相关的各个领域，如休闲娱乐、教育、健康等领域，都能见到大数据的应用。智能终端的普及更是让我们和大数据的接触就在指掌之间。比如我们每天发布微博、更新动态，用微信和朋友进行语音、文字、图片的互动，参与线上课程，带上健康监控手环监控心跳及睡眠的状况等，这些都离不开大数据平台对数据存储、交互和分析的支撑。

3. 大数据将成为科技创新的新动力

各行业对大数据的实际需求能够孵化和衍生出一大批新技术和新产品，来解决面临的大数据问题，促进科技创新。同时，对数据的深度利用，将帮助各行业从数据中挖掘出潜在的应用需求、商业模式、管理模式和服务模式,这些模式的应用将成为开发新产品和新服务的驱动力。云计算及大数据平台的建设和发展,也为科技创新提供了极大的便利条件。比如新型大数据应用的开发,由于大数据的存储、分析都有相应的提供商和接口,开发者只需将精力集中在应用模式和界面上,这将大大降低开发难度,节省开发成本,缩短开发周期。各国政府及行业也在积极推动开放数据。比如美国启动开放政府计划,建立了"www. data. gov"网站,将政府运营的相关数据全部发布在网站上,人们能够方便地查找、下载和使用这些数据。实践证明,开放数据能够使公共数据更加有效地得到利用,能够促进数据交叉融合,也将催生新的创新点。

(四)大数据变革及趋势

1.基于内存处理的架构

大数据技术的核心是采用分布式技术、并行技术,将数据化整为零,分散处理,而不是依赖单一强大的硬件设备来集中处理。[①] 例如,Hadoop 平台就是基于廉价个人计算机(Personal Computer,PC)构建的支持大数据的分布式并行存储和计算集群。而目前,以 Berkeley 大学为首的学院派却提出了更为先进的大数据技术解决方案。Berkeley 大学开发的 Spark 平台比 Hadoop 的处理性能高 100 倍,算法实现也要简单很多。同样都是基于 MapReduce 框架,Spark 为何能够比 Hadoop 效率高近百倍? 原因是 Spark 特有的内存使用策略,即所有的中间结果都尽量使用内存进行存储,避免了费时的中间结果写盘操作。Spark 已经成为 Apache 孵化项目,并得到了包括 IBM、Yahoo 在内的互联网大公司的支持,这说明该策略正逐渐被业界人士所认同。而 Berkeley 提出的 Tachyon 项目则更是将内存至上理论发挥到了极致。Tachyon 是一个高容错的分布式文件系统,允许文件以内存的速度在集群框架中进行可靠的共享。Tachyon 工作集文件缓存在内存中,并且让不同的 Jobs/Queries 以及框架都能以内存的速度来访问缓存文件。因此,Tachyon 可以减少需要通过访问磁盘来获得数据集的次数。

通过最大化地利用内存,将传统系统中磁盘 I/O 导致的性能损耗全部屏蔽,因

---

① 维克托·迈尔—舍恩伯格.大数据时代.杭州:浙江人民出版社,2013.

此,系统的性能提升上百倍是完全可能的。但人们在将内存作为主数据存储时,总会面临以下两个问题。

(1)如何满足存储量的需求?

目前,随着硬件技术的发展,高容量内存的制造成本大大降低,即使在家庭电脑上也可以轻易读取到8GB乃至16GB内存。可以预言,不出10年,TB级的内存将被普及,那时数据内存存储量也许将不再是问题。

(2)内存是易失性存储,数据如何持久化?

在断电或突发状况下,内存数据将会丢失,这是人们不愿意使用内存作为主数据存储的主要原因之一。从单机角度来看,内存存储数据确实存在极大的风险,解决该问题可以从两个角度考虑。

首先,要明确数据持久化的含义到底是什么。传统的思路认为,数据持久化就是将数据放置到硬盘等介质中。但就持久化的本意而言,数据如果能够随时被读出,保证不丢失,我们就可以称之为数据持久化。因此,当系统从单机架构转为分布式架构时,可以认为只要保证在任何时间集群中至少有一份正确数据可以被读取,则系统就是持久化的。例如Hadoop的多数据备份,就是大数据技术下持久化概念的体现。所以在大数据时代,可以通过分布式多份存储的方式保证数据的完整性和可靠性。

其次,随着固态硬盘(Solid State Drives,SSD)的全面普及,内存加SSD的硬件架构体系将应用得越来越多。充分利用内存进行快速读写,同时使用顺序写的方式在SSD中进行操作记录,保证机器恢复时能够通过日志实现数据重现,也是实现内存数据持久化的一种有效方案。

综上所述,随着硬件的发展以及分布式系统架构的普及,如何更好地利用内存,提高计算效率,将是大数据技术发展中的重要问题。

2.实时计算将蓬勃发展

大数据问题的爆发催生了像Hadoop这样的大规模存储和处理系统,以及其在世界范围内的普及与应用,然而这类平台只是解决了基本的大数据存储和海量数据离线处理的问题。随着数据的不断增多,以及各行业对数据所隐藏的巨大价值潜力的不断认知和发掘,人们对大数据处理的时效性需求将不断增加。在当今快速发展的信息世界里,企业的生死存亡取决于其分析数据并据此做出清晰而明智决策的能力。随着决策周期的持续缩短,许多企业无法等待缓慢的分析结果。比如,在线社交网站需要实时统计用户的连接、发帖等信息;零售企业需要在几秒钟而不是几个小时之内根据客户数据制定促销计划;金融服务企业需要在几分钟而不是几天内完成在线交易的风险分析。未来的大数据技术必须为实时应用和服务提供高速和连续的数据分析和处理。

3. 大数据交互方式移动化、泛在化

随着大数据后台处理能力和时效性的不断提高,以及各行业数据的全面采集和深度融合,数据的多维度、全方位的分析和展示将形成。而飞速发展的移动互联网,尤其是普及的移动终端和 4G 技术,能够在功能上将数据的展示交互与后台处理有效地分离,但同时又能将它们通过移动网络高效地联结起来。当今正在崛起的可穿戴设备和技术能够随时随地感知或采集我们周围的环境信息及我们自身的数据,并将它们与云端的存储和处理相结合,以提供实时的工作、生活、休闲、娱乐、医疗健康等各方面的数据交互服务。可以预见,未来大数据的采集、展现和交互必将朝着移动化的、即时的、泛在的方向发展。

第二节　大数据的相关概念与理论

一、数据科学理论

在摸索数据生产要素理论和数据创新理论的过程中,我们发现,对于两者更为准确的定位是数据中观理论和数据微观理论,因而必须要建立一个较为完整和宏观的数据科学体系。在一个宏观理论的基础上才能对两者进行更加深入的研究和拓展。

我们认为,如果放大至数据科学宏观理论,就必须着眼于三点:一是要有一个广泛和详尽的基础概念;二是要了解数据的基本属性;三是要以全新的思想和眼界,去观察并发展一个近乎全新的科学体系。

(一)广义数据的定义

数据的原有基础概念是科学实验、检验、统计等所获得的和用于科学研究、技术设计、查证、决策等方向的数值,或者是进行各种统计、计算、科学研究或技术设计等所依据的数值。

在信息技术高速发展的今天,各个行业对数据的要求发生了质变,数据原有的基础概念已经不能满足社会发展的需要,必须及时地对其加以修正和扩展。我们对数据的初步定义如下:在自然界和人类文明的发展中,当所有物质和意识的存在以某种形式或语言记录传承下来时,都会形成可见和不可见的载体或媒介,这些载体或媒介所承担的内容,都将被视为广义数据。而原有的数据概念,我们可以将其定义为狭义数据。

广义数据这个概念将是数据科学的起点、基础和核心,它的生成将极大地促使数据概念本身的内涵和外延更加丰富,使人类文明的延续和发展有更强有力的武器,甚至可以全面覆盖语言和文字的历史包容量和意义。而对于科技发展已经支撑新生价值的 80% 的当今社会,广义数据这个理念和思想,一定会给人们以巨大的想象空间,进而融合、激发、再造出更多的创新思想、生产方式和新型的生态链、生态圈。

(二)数据的基因特质

数据有许多人类没有关注到的特性,最鲜明的特性主要有以下七个方面。

1. 数据的准确性、实时性、全面性

这是原有的狭义数据概念就包含的属性,但这些属性在原有概念中没有占据重要地位,通常以样本数据和事后分析来预估和推理事物的发展。在大数据发展的今天,这三个属性的功能和意义都极大提升,甚至将成为人们永久奋斗的目标。

2. 数据的可复制性和继承性

在广义数据概念中,随着数据自身主观和客观的演变,可复制性和继承性的含义也将被无限放大。这是一个能令人无限遐想的理念。

3. 数据的可见和不可见的规律性

可见和不可见的规律性,彻底打破了数据的传统理念,使数据上升为既是物质存在又是思想意识的客观事物。

4. 数据的跨界、跨领域的关联性和重组性

跨界、跨领域的关联和重组，将是数据自身发展的天性。随着技术的进步，这种数据主观上或者客观上被无限放大的蔓延方式，将是创新与创造最直接的发展路径，但人类也将面临前所未有的挑战和危机。

5. 事物的泛数据化倾向特性

所有事物在理论上均可数据化，这是数据科学的基础概念和终极目标。从某种意义上理解，数据科学将是所有自然科学和社会科学的载体和媒介，是一切科学传承的外在表现。

6. 数据的安全性和可靠性

广义数据给了人们巨大无比的想象空间，但安全性和可靠性所带来的问题也成为文明发展重要的衍生物。这些问题将是目前数据时代面临的最大障碍。

7. 数据的突变性及裂变性

裂变是病毒式发展的基本路径，有助于高速度的实现。但突变是数据最可怕的敌人。随着人工智能等各项信息技术的发展，突变性将越来越不可发现和不可预见。从生物界可以看出，突变中 99% 的结果都是恶变，仅有 1% 的结果是进化，但这个进化一定是革命性的。可以预言，广义数据也具有这种属性，需要我们高度关注和严防死守。

信息系统是数据应用的平台和工具，在实际运行中，人们对系统的各种需求，其实质就是对数据的需求。数据作为信息的最基础的细胞要素，是目前所知的现实存在的最小物质的规律性信息单元，其作用是决定性的。如果人们对这个最小单元进行科学化、系统化的研究与拓展，发现和应用好数据的规律和属性，将极大地促进人们了解并把握事物的发展规律，为诸多预言提供理论依据和佐证，这是新型信息化建设的基础和核心。

利用这些特性，我们就可以解释为什么新一代信息技术会以超出想象的速度发展，其本质就是数据的重组、隐含性展现和突变等属性在发挥积极的作用，进而创造出令人咋舌的新生事物和发展模式。

(三)数据生产要素理论

在大数据时代,数据的实质正在发生根本性的改变,数据已经从记录过程的依据发展成为生产要素。原有的生产要素大致分为能源、矿产、土地及其他自然资源,劳动力,资本(诸如货币或货币等价物等)三大类。在过去某一时间段内,我们也模糊地将技术和信息划分在生产要素里,但这种观点不够准确。现在,我们可以清晰、坚定地认为:数据是一种重要的生产要素。这个定义不仅可以描述为数据是技术和信息的载体和表现形式,更能精准阐述数据作为当今科技的核心实质。

当一个新的生产要素加入任何原有的生产方式时,会使原有生产要素的权重发生改变,对生产要素质量进化产生推动作用,形成新的爆发式增长,甚至是技术性和产业性革命,从而大幅度地促进人类文明的进步。数据这个生产要素一定会起到这个作用。

数据生产要素还具有与原有生产要素相互转化的作用,具体分为以下两种形式。

(1)原有生产要素转化为数据生产要素的倾向。在数据按照生产要素进行重新配置时,原有生产要素的存在形式并没有改变,但记录生产要素的数据需要被另行抽取出来,用于整体生产要素的配置和部署,再根据部署结果和需要进一步定义下一周期数据的属性和内容。周而复始,整个过程会持续不断地被优化,无限接近最佳方案。数据在这个循环中,其数量、内容、属性、结构、内在价值和战略意义将发生巨大的改变,完全改变人们原有的数据概念,使数据向泛数据化发展。

例如,困扰中国的雾霾,其主要成分是二次污染物,其颗粒大小为 10 微米以下,主要来源于能源和工业污染,其次才是汽车排放。煤炭是我国的主要能源,如果我们事先对煤炭的能量转换过程及产生物进行深入研究,对发达国家的历史数据和历史事件做好大数据的分析和预判,在研究一次污染的同时,注意二次污染的形成规律和吸附特性,就不至于出现如此大范围的严重威胁人身健康和经济发展的重度污染,也不至于浪费大量的人力财力去整改结构部署和生产流程。从目前的科技发展水平和研究成果来看,这些研究数据能够而且不难被得到,监控成本也不高,治理和替代手段也可以逐步摸索实施。也就是说,雾霾这个问题是能够被日益改善的。但问题是,我们一直坚持粗放的生产方式和发展模式,不关注新技术的发展和应用,没有树立科学发展的理念,已经习惯了即使无视科学精确的数据也一样赚钱、一样产生 GDP 的行为,我们正在为此付出沉重的代价。究其本质,我们认为,要以大数据为手段对事件和数据进行抽取和排除,生成尽可能严谨、科学、内容翔实的全量数据。同时,综合考虑各种成因的利弊,统筹协调各个生产要素的权重,形成科学合理的综合实施规划,对我们国家的经济发展至关重要。

(2)当数据生产要素作为催化剂和交互媒介时,原有生产要素之间产生相互影响,各自整体权重相互转化,产生向最优化方案靠近的倾向。例如,在产业升级实践中,突破口就是我们要把手头的生产要素尽可能地数据化,并做到准确、全量、实时、互联互通。如能实现,我们就可以做到数据创新的技术升级,从而带来产业的革命。如把物流数据进行全量整合,就能立即优化能源、人力、资本三个生产要素的权重匹配;把学生的学习数据进行智能化处理,就能立即改变校舍资源、能源、交通、教师人力资源、行业管理资源的配置结构,甚至带来教育产业的革命,实现真正的智慧教育和素质教育。

二、大数据相关概念与理论

(一)数据分片与路由

在大数据背景下,数据规模已经由 GB 级别跨越到 PB 级别,单机明显无法存储与处理如此规模的数据,只能依靠大规模集群来对这些数据进行存储和处理,所以系统的可扩展性成为衡量系统优劣的重要指标。传统并行数据库系统为了支持更多的数据,往往采用纵向扩展(Scale Up)的方式,即不增加机器数量,而是通过改善单机硬件资源配置来解决问题。而目前主流的大数据存储与计算系统通常采用横向扩展(Scale Out)的方式来支持系统的可扩展性,即通过增加机器数目来获得水平扩展能力。[1] 与此对应,对于待存储处理的海量数据,需要通过数据分片(Shard/Partition)来将数据进行切分并分配到各个机器中去。数据分片后,如何能够找到某条记录的存储位置就成为必然要解决的问题,这一般被称为数据路由

---

[1] Stoica I, Morris R, Karger D, et al. Chord: A scalable peer-to-peer lookup service for internet applications. San Diego: Proceedings of the 2001 Conference on Applications, Technologies, Architectures, and Protocols for Computer Communications, 2001.

(Routing)。

　　数据分片与数据复制是紧密联系的两个概念,对于海量数据,通过数据分片可实现系统的水平扩展,而通过数据复制可保证数据的高可用性。[①] 因为目前大规模存储与计算系统都是采用普通商用服务器来作为硬件资源池的,形式各异的故障经常发生,为了保证数据在故障常发环境下仍然可用,需要将同一份数据复制存储在多处。同时,数据复制还可以增加读操作的效率,客户端可以从多个备份数据中选择物理距离较近的进行读取,这样既增加了读操作的并发性又可以提高单次读的读取效率,图 1-2 展示了数据分片与数据复制的关系。

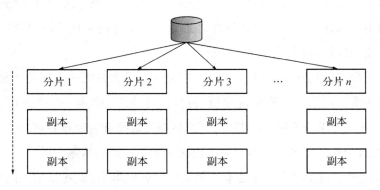

图 1-2　数据分片与数据复制的关系

(二)数据复制及其基础理论

　　在大数据存储系统中,为了增加系统的可用性,往往会将同一数据存储多份副本,工业界的常规做法是三备份。将数据复制成多份,除了增加存储系统的可用性外,还可以增加读操作的并发性,但是这样也会带来数据一致性问题:因为同一数据存在多个副本,在并发的众多客户端读/写请求下,如何维护数据一致视图非常重要,即使存储系统中在外部使用者看起来有多副本数据,其表现也应和单份数据一样。

1.CAP 理论

2000 年,美国加利福尼亚大学伯克利分校的 Eric Brewer 教授提出了著名的 CAP 理论,即一个分布式系统不可能同时满足一致性(Consistency)、可用性

────────────

　　① Garcia-Molina H,Ullman J D,Widom J. 数据库系统实现. 杨冬青,吴愈青,包小源,译. 2 版. 北京:机械工业出版社,2010.

(Availability)和分区容错性(Partition Tolerance)这三个需求,最多只能同时满足两个。2002年,麻省理工学院的Seth Gilbert和Nancy Lynch证明了CAP理论的正确性。根据CAP理论,一致性(C)、可用性(A)和分区容错性(P)三者不可兼得,必须有所取舍。因此,系统架构师不需要把精力浪费在如何设计同时满足C、A、P三者的完美分布式系统上,而是应该研究如何进行取舍,满足实际的业务需求。

2. CAP定义

C:一致性。一致性表示一个事务的操作是不可分割的,要么这个事务完成,要么这个事务不完成,不会出现这个事务完成了一半的情况。这种事务的原子性使得数据具有一致性。任何一个读操作总是能读取到之前完成的写操作结果,在分布式环境中,要求多点的数据是一致的。

通常情况下,数据库中存在的"脏数据"就属于数据缺乏一致性的表现,而在分布式系统中常出现的不一致情况是读/写数据时缺乏一致性。[①] 比如两个节点做数据冗余,第一个节点有一个写操作,数据更新以后没有有效地对第二个节点的数据更新,在读取第二个节点的时候就会出现数据不一致的问题。

A:可用性。每个操作总是能够在确定的时间内返回,也就是系统随时都是可用的。可用性好主要是指系统能够很好地为用户服务,不出现用户操作失败或访问超时等用户体验不好的情况。在分布式系统中,通常情况下,可用性与分布式数据冗余、负载均衡等有着很大的关联。

P:分区容错性。在出现网络分区(比如断网)的情况下,分离的系统也能正常运行,分区容错性与扩展性紧密相关。在分布式应用中,一些分布式的原因可能导致系统无法正常运转。好的分区容错性要求应用虽然是一个分布式系统,但看上去却是一个可以正常运转的整体。

3. CAP原理分类

传统的关系型数据库因为要保障数据的强一致性和可用性,因而属于CA模式,对于分区容错性的支持比较差。对于分布式数据库系统而言,分区容错性

---

① Chang F, Dean J, Ghemawat S, et al. BigTable: A distributed storage system for structured data. Symposium on Operating Systems Design and Implementation, 2006, 26(2):15.

是基本需求,因此只有 CP 和 AP 两种选择。CP 模式保证分布在网络上不同节点数据的一致性,但对可用性支持不足,这类系统主要有 BigTable、HBase、MongoDB、Redis、MemcacheDB、BerkeleyDB 等。AP 模式主要以实现"最终一致性"(Eeventual Consistency)来确保可用性和分区容错性,但弱化了对数据的一致性要求,典型的系统包括 Dynamo、Cassandra、Tokyo Cabinet、CouchDB、SimpleDB 等。

HBase 和 Cassandra 是 NoSQL 数据库中的代表系统。HBase 可以看作谷歌的 BigTable 系统的开源实现,它构建于和谷歌 File System 类似的 HDFS(Hadoop Distributed File System,Hadoop 分布式文件系统)之上;而 Cassandra 则更接近于亚马逊的 Dynamo 数据库,和 Dynamo 的不同之处在于,Cassandra 结合了谷歌 BigTable 的 Column Family 的数据模型。[①] 可以简单地认为,Cassandra 是一个 P2P 的、具有高可靠性和丰富的数据模型的分布式文件系统。

4. ACID 和 BASE 方法论

ACID 指的是关系型数据库为了支持事务(Transaction)的正确性和可靠性,必须满足的 4 项特性,即原子性(Atomicity)、一致性(Consistency)、隔离性(Isolation)和持久性(Durability)。这几项特性的具体解释如下。

1)原子性

一个事务中的所有操作,要么全部完成,要么都不完成,不会结束在中间的某个环节。事务在执行过程中发生错误,会被回滚(Rollback)到事务开始前的状态,就像这个事务从来没有执行过一样。比如转账,要么转成功,要么没转出去,不会发生钱转走了对方却没收到的情况。

2)一致性

在事务开始之前和事务结束以后,数据库的完整性没有被破坏,不会发生数据不一致的情况。

3)隔离性

当两个或多个事务并发访问(此处访问指查询和修改的操作)数据库的同一数

① Calder B, Wang J, Ogus A, et al. Windows Azure Storage: A highly available cloud storage service with strong consistency. Cascais: Proceedings of the 23rd ACM Symposium on Operating Systems Principles,2011.

据时所表现出的相互关系。事务隔离可以分不同级别,来对数据的不同操作产生的相互影响进行不同程度的隔离。

4)持久性

在事务操作完成以后,该事务对数据库所做的更改便持久并且完全地保存在数据库之中。

传统的 SQL 数据库(关系型数据库)支持的是强一致性,也就是在更新完成后,任何后续访问都将返回更新过的值。为了实现 ACID,往往需要频繁对库或表加锁,这使得其在互联网应用中捉襟见肘。比如 SNS(社会化网络服务)网站的每个互动都需要一条或多条数据库操作,对数据库读写的并发要求非常高,而传统数据库无法很好地满足这种需求。

对于很多 Web 应用,尤其是对 SNS 应用来说,一致性要求可以降低,而对可用性的要求需要提高。为了支持高并发读写,有些 NoSQL(非关系型数据库)产品采用了最终一致性的原则,从而产生了基于弱一致性的 BASE 方法论。[①] 所谓弱一致性是指系统不保证后续访问将返回更新过的值,要想得到更新的值需要符合很多条件才行。从更新到保证任一观察者看到更新值的时刻之间的这段时间被称为不一致窗口。最终一致性是弱一致性的一种特殊形式,存储系统保证如果对象没有新的更新,最终所有访问都将返回最后更新的值。如果没有发生故障,不一致窗口的最大值可以根据通信延迟、系统负载、复制方案涉及的副本数量等因素确定。

BASE,即 Basically Available(基本可用)、Softstate(软状态)、Eventual Consistency(最终一致性)几个词的组合。BASE 的英文意义是碱,而 ACID 是酸,有点水火不容的意思。BASE 模型与 ACID 模型相反,其完全不同于 ACID 模型,它牺牲高一致性,获得可用性或可靠性。它仅需要保证系统基本可用,支持分区失败,允许状态在一定时间内不同步,保证数据达到最终一致性即可。BASE 思想主要强调基本的可用性,如果需要高可用性,也就是纯粹的高性能,那么就要牺牲一致性或容错性。BASE 构成了大多数 NoSQL 数据库的方法论基础。

---

① Decandia G, Hastorun D, Jampani M, et al. Dynamo: Amazon's highly available Key-Calue store. Washington D C: Proceedings of 21st ACM SIGOPS Symposium on Operating Systems Principles,2007.

大数据处理流程与系统架构

第一节　大数据处理流程

传统的互联网与商业数据的存储和处理主要使用关系型数据库技术,数据库企业巨头 Oracle 是这一时期的代表企业。随着大数据时代的到来,传统关系数据库在可扩展性方面的缺陷逐渐暴露出来,即使采用并行数据库集群,最多也只能管理一百台左右的机器,而且这种并行数据库要有高配置的服务器才可正常运转,可以想象其管理海量数据的成本有多高。

很多应用场景,尤其是互联网相关应用,并不像银行业务等对数据的一致性有很高的要求,它们更看重数据的高可用性以及架构的可扩展性等技术因素,因此 NoSQL 数据库应运而生。作为适应不同应用场景要求的新型数据存储与处理架构,它对传统数据库有很强的补充作用,而且应用场景更加广泛。Yahoo 公司部署了包含 4000 台普通服务器的 Hadoop 集群,可以存储和处理高达 4PB 的数据,整个分布式架构具有非常强的可扩展性。NoSQL 数据库的广泛使用代表了一种技术范型的转换。

大数据处理的目标是从海量异质数据中挖掘知识,处理过程包含数据源收集、数据存储管理、数据分析与挖掘以及数据展现与获取等几个按顺序进行的步骤。图 2-1 是大数据处理流程的整体架构。从图中可看出,在大数据处理的过程中,形成了数据流处理的多个不同层次。

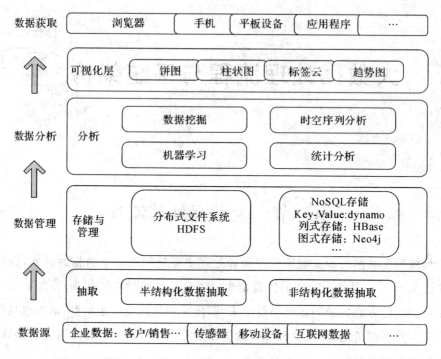

图 2-1 大数据处理流程的整体架构

一、数据的产生

在一些人的观念里,大数据和大型企业如百度、腾讯、阿里巴巴这些互联网巨头才有关系,而与中小型企业似乎关系不大。这其实是一个误区,本书作者认为无论是大型企业还是中小型企业,都与大数据有关。任何一个企业只要将日常点点滴滴的数据,如一个文件、一张照片、一段讲话都集中存储起来,就能够为企业的统计、分析、决策提供数据依据。这些集中起来的数据都可以被称为大数据。对于智慧经济时代中的企业而言,大数据就是要让企业自觉地将数据看成一种资产、一种能力,不是单单在"大"上做文章,而是强调企业应依据数据来做判断和决策,促进企业从"粗放经营"模式向"智慧经营"模式转变。

观念转变了,那么企业的大数据来源就不言自明了。它可以来源于企业现有的信息系统、企业每一个员工的工作终端和工作用的手机、企业的客户、网络上对企业的各种评论,以及与企业相关的工商、税务、电信、电力等方面的信息。企业的大数据,按来源途径可分为主体、客体和社会三种。

(一)来自主体的大数据

这里的主体包括企业管理者、企业员工、企业客户、企业的协同单位、企业的竞争对手、企业上级管理部门、企业与社会公共服务组织(如电力、电信、银行等部门)、企业的信息系统等。企业的信息系统是一个重要的主体,它记录了企业在业务行为过程中的详细信息,是企业大数据的主要来源。除了企业的信息系统之外,其他主体产生的信息往往是被企业忽视的部分,在企业建立大数据系统时,这部分被忽视的信息是需要被重视起来的。

企业管理者产生的信息包括企业的规划、计划、总结、报告等信息,这些信息有一些是被存储在信息系统中的,也有很多只是存储在企业管理者的个人电脑上的。这些信息往往对统计分析具有很大价值,所以企业需要建立一套在线的文档管理系统把这些信息管理起来。

企业员工产生的信息包括工作总结、个人随想、个人议论,以及工作时的照片、图片等,这些信息大多存储在个人电脑上,或是个人的博客、微博、QQ等外部的信息系统中。企业竞争对手的信息一般都会被重点研究,但研究手段大多比较落后或不够体系化。竞争对手的信息可以来自其自身网站或其他媒体,企业需要建立采集机制,将竞争对手的信息分门别类地存放起来并在工作中加以应用。

社会公共服务组织如电力、电信、银行、水务等部门,都是与企业经营有直接和间接关系的组织。这些组织提供的信息有时会非常重要,比如,一个客户的经营情况好不好,可以直接通过这个客户的电费单、话费单来找到答案。这些部门的网站上都有一些对客户的这方面信息的披露,所以通过技术手段获取此类信息对分析客户的经营情况具有一定的帮助。

上面对各个主体的大数据的分析,可以在企业进行大数据建设时提供一种获取数据来源的思路,企业还可以按照这种分析方式进一步扩展获取大数据的渠道,以使大数据的来源更加完整和全面。

(二)来自客体的大数据

这里的客体主要是指企业生产的产品。未来的产品大多都会具有物联功能,企业根据这些物联功能发回的信息,就可以分析出该产品当前在哪里、运行状态如何、哪些功能是用户常用的,并可以依据这些分析制定客户的服务策略、新产品的改进策略等。企业的产品按照是否能主动回传信息,可以分为有源产品和无源产品。

有源产品是指有动力来源的产品,一般多为电器设备,如电冰箱、电视机、ATM机、刷卡设备等。这些产品可以内嵌信息发送设备,从而将产品的位置、状态、操作行为等信息,传送回企业,以便企业进行相应的分析。这些发送回的信息可以是结构化的或者是半结构化的,基于精度设计要求其信息计量单位可大可小,如高清的摄像头,其每次回传的信息量就非常大,可以是几兆字节或者更大。这些信息发送的频度都是预先设置的,可以为每秒几十帧或者是几秒一帧,在一段时间内可以产生大量的信息,所以对于有源产品产生的信息,需要在数据存储上做单独的设计。

无源产品是指没有动力来源的产品,一般多为衣物、药品、食品等。对于无源产品,一般是将电子标签贴在产品的表面,借助有源设备来进行信息的采集。无源产品虽不像有源产品那样会实时产生大量的信息,但由于其数量庞大,同样也会产生大量的信息。依据有源设备采集的无源产品信息,可以知道产品当前的位置信息和时间信息,从而可以统计产品的地域分布和使用状态。

(三)来自社会的大数据

这里的社会主要是指行业协会、媒体、社会公众等。这些组织或群体主要是站在全局角度、公众角度和个人角度对企业的各类事项进行统计、分析和评论的,往往会对社会公众、企业形象的认知起导向作用。一个企业会因为一个好评而得到社会公众的认同,从而迅速发展,也会因为一个差评而遭受灭顶之灾。

行业协会一般都是一些半官方机构,每年会定期发布一些行业发展中存在的问题和未来发展趋势的报告。这些报告具有较高的价值,对企业研究行业动态、找准企业自身在行业中的地位极有帮助。这部分信息是企业应该重点关注并作为大数据的一个重要构成部分的。

媒体也是一个重要的大数据来源渠道。媒体会对企业、企业的产品、消费者的诉求等各方面给出评论,这些评论对企业来说至关重要。有一些媒体报道是客观的,也有一些是主观的。关注这些媒体的报道可以让企业提前做好各种应急措施,以便在事件发生时占据主动权。

社会公众可以在 QQ、微信、微博、博客、论坛等公众媒体上进行各种信息的传播，这些媒体的影响面非常广泛。企业应高度关注与企业相关的信息，并建立相应的机制，对信息进行分类处理。未来企业在经营活动中，不仅要善于利用新媒体进行企业品牌和产品的宣传，而且还要学会如何对这些信息进行统计和分析。因此社会公众的信息采集也是企业搜集大数据的重要手段。

二、数据的存储

企业的各类数据集中起来后，其数据量庞大。和以往统一将这些数据集中存放在一个大的磁盘阵列中不同，现在需要将它们存储在多台计算机上，这是因为这些数据不仅要存起来，还要能随时被使用。采用分布式方式将这些大数据存放在计算机设备上，以便可同时在多台计算机上对其进行并行处理。按照数据的结构不同，可以将大数据分为非结构化的大数据、结构化的大数据和半结构化的大数据，分布式文件系统、分布式数据库系统和数据流处理系统分别是针对这三类数据的存储方式。

（一）非结构化数据存储

常见的非结构化数据包括文件、图片、视频、语音、邮件、聊天记录等，和结构化数据相比，这些数据是未抽象出有价信息的数据，需要经二次加工才能得到有价信息。由于非结构化数据具有不受格式约束、不受主题约束、人人随时都可以根据自己的视角和观点进行创作生产的特点，所以其数据量要比结构化数据大。

随着各种移动终端的普及和移动应用的不断丰富，非结构化数据呈指数态迅速增长。近年来，这些数据已成为统计分析和数据挖掘的一个重要来源，逐渐被越来越多的企业所重视。比如，在公安领域，随着"平安城市"工程的不断推进，城市的各个角落都安放着摄像头，这极大地震慑了犯罪分子，预防了犯罪行为的发生。在案件发生后，公安人员可以根据摄像头拍摄的图像信息还原犯罪分子的活动轨迹和使用的作案凶器，有助于对案件的侦办。再如，在金融领域，为了控制借款人可能产生的借贷风险，很多金融企业建立了专门的队伍收集借款人的财务信息、法务信息、法人信息等，并对这些信息进行分析，根据分析结果调整风险等级，主动避免风险。

非结构化数据对各行各业的价值都极大，所以进行有针对性的采集和存储是一件非常有意义的事。由于非结构化数据具有形式多样、体量大、来源广、维度多、有价内容密度低、分析意义大等特点,所以要为了分析而存储,而不能为了存储而存储。为了分析而存储,就是说存储的方式要满足分析的要求,存储工作就是分析的前置工作。当前针对非结构化数据的特点,均采用分布式方式来存储这些数据。这种存储非结构化数据的系统也叫分布式文件系统。

分布式文件系统将数据存储在物理上分散的多个存储节点上,对这些节点的资源进行统一管理与分配,并向用户提供文件系统访问接口,主要解决本地文件系统在文件大小、文件数量、打开文件数等方面的限制问题。目前常见的分布式文件系统通常包括主控服务器(或称元数据服务器、名字服务器等,通常会配置备用主控服务器,以便在出故障时接管服务)、多个数据服务器(或称存储服务器、存储节点等),以及多个客户端(客户端可以是各种应用服务器,也可以是终端用户)。

分布式文件系统的数据存储解决方案归根结底是将大问题划分为小问题。大量的文件均匀分布到多个数据服务器上后,每个数据服务器存储的文件数量就少了。另外,通过使用大文件存储多个小文件的方式,能把单个数据服务器上存储的文件数降到符合单机能处理的规模;对于很大的文件,可以将其划分成多个相对较小的片段,存储在多个数据服务器上。

(二)结构化数据存储

结构化数据就是人们熟悉的数据库中的数据,它本身就已经是一种对现实已发生事项的关键要素进行抽取后的有价信息。现在各级政府和各类企业都建有自己的信息管理系统,随着时间的推移,其积累的结构化数据越来越多,一些问题也显现出来,这些问题大致可以分为以下四类:

(1)历史数据和当前数据都存在于一个库中,导致系统处理越来越慢;

(2)历史数据与当前数据的期限如何界定;

(3)历史数据应如何存储;

(4)历史数据的二次增值如何解决。

第一和第二个问题可以放在一起处理。系统处理越来越慢的原因除了传统的技术架构和当初建设系统的技术滞后于业务发展之外,主要是对于系统作用的定位问题。从过去40年管理信息系统发展的历史来看,随着信息技术的发展和信息系统领域的不断细分,是时候要分而治之来处理问题了,即将管理信息系统分成两类,一类是基于目前的数据生产管理信息系统,另一类是基于历史的数据应用管理信息系统。

数据生产管理信息系统是管理一段时间频繁变化数据的系统,这个"一段时间"可以根据数据增长速度而进行界定,比如,银行的数据在当前生产系统中一般保留储户一年的存取款记录。数据应用管理信息系统将数据生产管理信息系统的数据作为处理对象,是数据生产管理信息系统各阶段数据的累加存储的数据应用系统,可用于对历史数据进行查询、统计、分析和挖掘。

第三和第四个问题可以放在一起处理。由于历史数据量规模庞大,相对稳定,其存储和加工处理与数据生产管理系统的思路应有很大的不同。和非结构化数据存储一样,结构化数据的存储也是为了分析而存储,并且采用分布式方式。其目标有两个:一是能在海量的数据库中快速查询历史数据,二是能在海量的数据库中进行有价信息的分析和挖掘。

分布式数据库是数据库技术与网络技术相结合的产物,在数据库领域已形成一个分支。分布式数据库的研究始于 20 世纪 70 年代中期。世界上第一个分布式数据库系统 SDD-1 是由美国计算机公司(CCA)于 1979 年在 DEC 计算机上实现的。20 世纪 90 年代以来,分布式数据库系统处于商品化应用阶段,传统的关系数据库产品均发展成以计算机网络及多任务操作系统为核心的分布式数据库产品,同时分布式数据库逐步向客户机/服务器模式发展。

分布式数据库系统通常使用体积较小的计算机系统,每台计算机可单独放在一个地方,每台计算机中都有 DBMS(Database Management System,数据库管理系统)的一份完整的副本,并具有自己局部的数据库。位于不同地点的许多计算机通过网络互相连接,共同组成一个完整的、全局的大型数据库。

分布式数据库系统应具有以下一些主要特点:

(1)物理分布性:数据不是存储在一个场地上,而是存储在计算机网络的多个场地上;

(2)逻辑整体性:数据物理分布在各个场地,但逻辑上是一个整体,它们被所有的用户(全局用户)共享,并由一个主节点统一管理;

(3)灵活的体系结构,适应分布式的管理和控制机构;

(4)数据冗余度小,系统的可靠性高,可用性好;

(5)可扩展性好,易于集成现有的系统。

(三)半结构化数据存储

半结构化数据是指数据中既有结构化数据,也有非结构化数据。比如,摄像头回传给后端的数据中不仅有位置、时间等结构化数据,还有图片这种非结构化数据。这些数据是以数据流的形式传递的,所以半结构化数据也叫流数据。对流数据进行处理的系统叫作数据流系统,数据流系统是随着物联网技术的不断发展而产生的新的信息领域。

随着物联网技术的发展,人们对产品这一客体的智能化程度的要求越来越高。产品已经由一个不能产生数据的物品变成了一个可以产生数据的物品,原来只能通过人机交互产生数据,现在物联交互也能产生大量的数据,并且物联交互产生的数据比人机交互产生的数据频度更高、单位时间内的数据量更大。物联交互不仅带来了新的数据来源,而且带来了新的数据处理问题。比如,大量涌入的物联数据在很长一段时间内都是重复的数据,如果将这些数据原封不动地进行存储,那么其消耗的存储设备容量将是惊人的,也是资金投入所不能承受的。

对于数据流,数据不是永久存储在传统数据库中的静态数据,而是瞬时处理的源源不断的连续数据流。因此,对这种新型数据模型的处理应用也逐渐引起了相关领域研究人员的广泛关注。在大量的数据流应用系统中,数据流来自分布于不同地理位置的数据源,非常适合分布式查询处理。

分布式处理是数据流管理系统发展的必然趋势,而查询处理技术是数据流处理中的关键技术之一。在数据流应用系统中,系统的运行环境和数据流本身的一些特征不断地发生变化,因此,对分布式数据流自适应查询处理技术的研究成为数据流查询处理技术研究的热门领域之一。

三、数据的分析与挖掘

传统的管理信息系统可以定位为面向个体信息生产,供局部简单查询和统计应用的信息系统。其输入是个体少量的信息,处理方式是在系统中对移动数据进行加工,输出是个体信息或某一主题的统计信息。而大数据信息系统定位为面向全局,提供复杂统计分析和数据挖掘的信息系统。其输入是 TB 级的数据,处理方式是移动逻辑到数据存储、对数据进行加工,输出是与主题相关的各种关联信息。

对比这两个信息系统,可以发现它们主要有以下三点区别:

(1)传统的管理信息系统用于现实事项的数据生产,大数据信息系统是基于已有数据的应用的;

(2)传统的管理信息系统是对移动数据做线性处理,大数据信息系统是应用移动逻辑来并行处理的;

(3)传统的管理信息系统注重信息的简单应用,大数据信息系统面向全局做统计分析和数据挖掘应用。

传统的管理信息系统和大数据信息系统的对比如表 2-1 所示。

表 2-1　传统的管理信息系统和大数据信息系统对比

项目	传统的管理信息系统	大数据信息系统
目的	信息输入生产	信息输出生产
依赖	人和物	信息系统
采集	局部采集	全局采集
存储	集中存储	分布式存储
处理	线性处理	并行处理
前提	结构化设计	分析及挖掘模型建立
价值	记录历史发生的事件信息	发现问题、科学决策
重点	数据生产、简单应用	统计挖掘、复杂应用
呈现	局部个体的信息展现	将个体放在全局中展现
形态	ERP、OA 等系统	宏观决策信息系统

前文分析了大数据从哪里来、存在于哪里等问题,本节又分析了传统的管理信息系统与大数据信息系统的不同之处。正是这些不同之处决定了企业大数据的加工过程的不同。大数据的加工首先从分析和挖掘模型建立开始,也就是说,要先弄清楚想要什么,采用什么计算方法;其次将分析和挖掘模型转成逻辑可移动并能并行处理的程序编码,以便对分布式的大数据进行加工;最后将计算结果放在全局数据背景中呈现,让用户能基于图形一眼看出其态势,而非采用面对结构化数字的晦涩的表达。企业大数据加工过程模型如图 2-2 所示。

图 2-2　企业大数据加工过程模型

大数据加工过程由分析和挖掘模型设计、并行处理程序编码、计算结果在全局中呈现三个工作活动构成。

(一)分析和挖掘模型设计

"大数据",大约从 2009 年开始才成为互联网信息技术行业的流行词汇。美国互联网数据中心指出,互联网上的数据每年将增长 50%,每两年会翻一番,而目前世界上 90% 以上的数据是最近几年才产生的。此外,数据又并非单纯地指人们在互联网上发布的信息。全世界的工业设备、汽车、电表等装有无数的数码传感器,随时测量和传递着有关位置、运动、震动、温度、湿度乃至空气中化学物质变化方面的信息,同时也产生了海量的数据。

大数据已经在那里了,人们能用它做什么? 一些互联网企业开始利用手中掌握的大数据,对用户的消费习惯、兴趣爱好、关系网络进行分析和挖掘,分析和挖掘的成果给这些互联网企业带来了新的价值。

(1)进一步巩固优势:基于分析结果给用户提供更精准的服务,进一步拉开与竞争对手的差距。

(2)扩展了新的服务:社会化媒体基础上的大数据挖掘和分析又衍生出很多新的应用。

(3)拓展了新的领域:基于手中的大数据和已掌握的分析方法,一些互联网企业正在成为营销咨询服务商和各类情报供应商。

互联网企业的这种发展模式,对于很多传统企业具有很强的借鉴意义。它告诉人们不仅要掌握庞大的数据信息,而且要对这些具有意义的数据进行专业化处理。专业的处理方法包括统计建模、机器学习、数据建模等。

(1)统计建模是利用统计知识,认为大数据是遵循总体分布规律的,按照统计的方法可以准确地把握企业当前的态势,并可以按照时间维度预测企业未来的发展。

(2)机器学习是将大数据当成训练集,通过贝叶斯网络、支持向量机、决策树等算法对有价值的信息进行挖掘,比如,Netflix 通过机器学习来预测观众对影片的评分,从而制定影片上映和发行的策略。

(3)数据建模是将数据模型看成一个复杂查询的答案,利用部分数据来推算总体的态势。数据建模可以采用两种方法:一种是数据汇总,另一种是特征提取。数据汇总包括 PageRank 形式和聚类形式,特征提取包括频繁项集和相似项两种类型。

上述方法中,前两种方法分别把大数据看成了总体样本数据和局部训练数据。基于总体样本数据可以做出准确的态势分析和对未来的预测,而基于局部训练数据则可以面向未来做出假说演绎。最后一种方法,数据建模,是一种基于现有数据分析问题的方法。比如,PageRank 可以根据用户请求返回用户期望度最高的页面,再如,采用聚类方法可以准确定位城市某种流行病的发源地及其原因。

总的来说,利用分析和挖掘模型设计,一来可以得到总体在空间上的分布状态和时间上的变化趋势,以便面向未来做出预测;二来可以通过个体在空间和时间上的差异与相似性,找出问题的原因,以便做出决策。

(二)并行处理程序编码

并行处理程序编码是一项很复杂的工作,但随着技术的发展和开源运动的不断普及,这项复杂的工作已经变得非常简单。人们只需按照 MapReduce 编程模型编程,并将程序发布到并行计算系统上,就可以实现对大数据的并行处理。为了能够更深入地理解并行处理程序,这里有必要简要回顾一下集群计算的并行架构、MapReduce 编程模型、函数代码与模型设计关系、移动逻辑还是移动数据这四个方面的知识。

1. 集群计算的并行架构

大部分计算任务都是在单处理器、内存、高速缓存和本地磁盘等所构成的单个计算节点上完成的。传统的并行化处理应用都是采用专用的并行计算机来完成的，这些计算机含有多个处理器和专用硬件。然而随着近年来大规模 Web 服务的流行，越来越多的计算都是在由成百上千的单个计算节点构成的集群上完成的。与采用专用硬件的并行计算机相比，这大大降低了硬件开销。

集群计算是遵循"分而治之、以量取胜"的思想来架构的，也就是把多个任务分解到多个处理器或多个计算机中，然后按照一定的拓扑结构进行求解。这种架构是一种时间并行和空间并行混合的应用模式，是各种并行模式中效益最好的一种。当前集群计算的并行架构已广泛应用在天气预报建模、超大规模集成电路（Very Large Scale Integrated Circuit，VLSI）的计算机辅助设计、大型数据库管理、人工智能、犯罪控制和国防战略研究等领域，而且它的应用范围还在不断地扩大。

2. MapReduce 编程模型

现在 MapReduce 编程模型已经有多种实现系统，如 Google 和 Hadoop 各自开发的 MapReduce 的实现系统。人们可以通过某个 MapReduce 的实现系统来管理多个大规模的计算，同时能够保障对硬件故障的容错性。程序员只需要编写两个称为 Map 和 Reduce 的函数即可，剩下的就是由系统来管理 Map 和 Reduce 的并行任务及其任务间的协调。基于 MapReduce 的计算过程如下。

（1）有多个 Map 任务，每个任务的输入是分布式文件上的一个或多个文件块。Map 任务将文件转换成一个键值（Key-Value）对序列。输入数据产生的键值对的具体格式由用户编写的 Map 函数代码决定。

（2）作业控制器从每个 Map 任务中收集一系列键值对，并将它们按照键值的大小进行排序，进而这些键又被分到所有的 Reduce 任务中，所以具有相同键值的键值对会归到同一个 Reduce 任务中。

（3）Reduce 任务每次作用于一个键，并将与这些键关联的所有值以某种方式进行组合，具体组合方式取决于用户所编写的 Reduce 函数代码。

3. 函数代码与模型设计关系

Map 函数的输入数据产生的键值对格式和 Reduce 函数的键值组合方式都由

用户所编写的函数代码决定,而这些函数代码采用的格式或组合的依据就是分析和挖掘模式设计中的具体内容。

比如,人们设计一个关于文档中单词重复数量的计算模型,在 Map 算法中,模型的要求是基于每一行对单词进行一次计数,然后将同样的单词计数进行归类,而在 Reduce 算法中则要求对同样的单词进行总和计算并给出排序。程序员根据模型的要求,实现 Map 算法中对每一行单词进行计数和将同样的单词计数进行归类的程序编码,实现 Reduce 函数中对同样的单词进行总和计算并给出排序的编码。

可以说,分析和挖掘模型的设计就是 Map 和 Reduce 的函数概要设计,而 Map 函数和 Reduce 函数是分析和挖掘模型设计的代码的具体实现。

4.移动逻辑还是移动数据

移动逻辑还是移动数据是对数据可变还是逻辑可变的另一种表述。如果数据是可变的,那么就移动逻辑到数据端处理;如果逻辑可变,则移动数据到逻辑端处理。对于数据或逻辑的不变性认知是分布式系统和非分布式系统的核心区别。MapReduce 主张逻辑不变而数据可变,所以移动逻辑到可变的数据端中;而传统的管理信息系统主张逻辑可变而数据不变,所以移动数据到可变的逻辑端中。

大数据运算的一个思路就是传递逻辑,而不传输数据。这一思路依赖的条件是逻辑的子过程的分拆是可能的、可控的。在类似 MapReduce 的方案中,MapReduce Jobs 的执行就具有类似的特点。也就是说,必须关注这样一个事实:数据不动,而逻辑在动。

(三)计算结果在全局中的呈现

用户经常会根据不够精确的、模糊的或者是不能表达出的条件对大型文件集合进行探索或查询,如果还是采用树形目录方式,其查询效率和效果是可想而知的。为了解决这个问题,奥地利 Graz 大学为大型文档库设计了一个名为 Infosky 的可视化工具。Infosky 可视化工具可以对存放层次达 15 层、有 6900 个类别的 10 多万份文件进行展现,用户可以借助该系统轻松地对层次结构中成百上千甚至上百万的文件进行可视化查看,也可以平滑地引入信息空间的全局和局部视图,为浏览和搜索提供明确易懂的交互信息。而这一切的实现借助的正是信息可视化这一新的计算机科学技术。

近年来,随着大数据的兴起,用户面临着信息过载的严峻考验。如何帮助用户更快捷有效地从大量数据中提取出有用的信息,成为信息可视化的核心任务。信息可视化主要是利用图形技术对大规模数据进行可视化表示,以增强用户对数据更深层次的认知。信息可视化由数据描述、数据表示和数据交互三个部分构成。数据描述就是对各种数据进行视觉化的描述,如采用不同的线条、点和叉等。数据表示关注的是描述的内容如何得到显示,及其如何呈现给用户,数据表示会受到显示空间的限制和时间的限制。数据交互涉及一系列动作,不仅包括单击鼠标的物理动作,还包括对所见进行解释,增加了心理模型的认知成本。

上面的实例分析和对信息可视化技术的简单介绍主要是想说明在大数据环境下,数据的表现方式需要在传统的单一表格和图表方式基础上再提升一个层次,要能让用户基于图示感受到大数据的存在,感受到其查询的部分与整体间的关系。

第二节　大数据系统架构设计

一、大数据系统架构设计概述

人类已进入大数据时代,数据正在不断地借助各种终端涌向各个信息系统,又通过这些信息系统分发到世界的各个角落。这些数据每时每刻都从各个不同的角度动态反映着大自然的面貌和变化,也动态反映着人与自身、人与他人、人与组织、人与社会的形形色色的关系。人们几千年来都是通过在一定区域内,在假定相对稳定的一段时间内,不断地实践和总结来逐步认识世界和改造世界的。而进入大数据时代之后,人们发现可以借助如此丰富的数据,在一个更广阔的区域里、在动态变化的世界里重新认识世界和改造世界,并且这样的认识更加全面,这样的改造更加准确。

当前这些数据就像在河滩里混有金子的无数沙子,数量无比庞大,但只要人们愿意,就可以从里面淘出金子。人们急需这样一个系统,将数据汇聚起来,加以分析和处理,将里面有价值的信息提取出来,可以让人们认清事物的全局、预测未来的变化趋势。这个系统可以治理大数据这股凶猛的洪流,而不至于让人们迷失在这股洪流中。

(一)设计目标和原则

大数据具有数量巨大、增长速度大、价值密度低、基数大、类型多样等特点,所以大数据系统无论是在体系架构设计上,还是在采集、存储、处理、传递、备份等功能设计上都要有和以往不同的目标要求。大数据系统的核心设计目标要求如下。

(1)可以存储海量的数据:在设计时需考虑系统的存储功能能够存储随时间变化不断增多的数据,能够支撑多种数据类型的存储(类型可以是结构化、半结构化和非结构化的),存储时能够适应很大的数据个体,也可以适应很小的数据个体。

(2)可以进行高速处理:保证系统的数据规模不断增大时或数据量短时间内快速增长时,其处理速度不受这些影响,依然能够符合用户对响应速度的要求。

(3)可以快速开发出并行服务:系统必须提供并行服务的开发框架,让开发人员能够依据此框架迅速开发出面向大数据的程序代码,并可在动态分布的集群上实现并行运算。

(4)可以运行在廉价机器搭建的集群上:系统可以安装并运行在廉价的机器上,同时须具有将数量规模达百万台的廉价机器组成集群并协调工作的功能。

在实现系统设计目标的过程中,还需遵循以下设计原则。

1.实用性

系统必须具有实用性,具体体现在:一是系统既可以满足几个节点构成的小规模集群,也可以满足由上万节点构成的大规模集群;二是系统在一个节点上安装完成后,可以同构地快速复制到多个节点上;三是系统可以在单节点上模拟独立运行和伪分布运行,以便程序的开发和调试;四是系统可以在开源的通信系统上建立开源的操作系统;五是系统必须支持多种协议格式,允许用户基于这些协议与系统进行交流互动。

2.可靠性

可靠性是系统运行时必须具有的重要属性之一。当核心节点出现故障时,能够迅速切换到备份节点;当计算节点出现故障时,控制节点可将任务分发到邻近节点上。

3. 安全性

数据是系统中最重要的核心资产,不允许因节点故障而造成丢失,同时还要确保数据的完整性。

4. 可扩展性

系统应允许集群内的节点增加和减少,并且主控节点可以智能感知到节点的增加和减少;当原节点因老化被替换时,需提供方法将节点的数据迁移到新节点上且不破坏数据的完整性;用户可以根据内容类型的不同,采用不同的编码方式来新增数据类型。

5. 完整性

这里的完整性不是指数据的完整性,而是指系统功能的完整性。大数据系统必须具有大数据采集、存储、开发、分析、控制、呈现等涉及大数据处理全生命周期的子系统或功能模块,能够让客户基于大数据系统完成其应用。

(二)系统的设计思想

基于上述大数据系统的设计目标和设计原则,系统的整体设计应按照分层分域—主从模式、数据分布—以锁协同、封装共性—移动逻辑—并行处理、指令流—数据流分离、同构复制—属性区分、多个子系统集成的思想进行设计。

1. 分层分域—主从模式

分层分域是一种"分而治之"的思想,是指把大的系统划分成多个小的系统来处理。主从模式是说明层间节点之间的"职责划分"的一种管理模式,主节点负责从节点工作任务的分布、从节点的状态监控,从节点负责任务的执行和工作状态的汇报。

大数据系统分为数据应用层、数据分析层、综合管控层和数据计算层。综合管控层是数据分析层和数据计算层之间的统一代理管理层,划分为名称节点、作业节点、数据库主节点、统一协同节点、相应备份节点和数据监控节点六个域,管理数据计算节点层的数据节点、任务节点和数据库域节点。数据计算层分为数据及任务节点和数据库域节点两个域,这些节点是分布式文件和分布式数据库存储和计算时所需的节点。数据分析层划分为客户端、数据分析和数据仓库三个域。数据应用层划分为数据调用、数据呈现和数据采集三个域。

主从模式是指控制节点和数据计算节点之间采用的主从模式,比如,一个主的名称节点和 N 个从的数据节点、一个主的作业节点和 N 个从的任务节点、一个主的数据库节点和 N 个从的数据库域的节点、一个统一协同的主节点和多个统一协同的从节点等。

2. 数据分布—以锁协同

分布体现的是一种"包产到户,以空间换时间"的思路,将大数据分拆成让每个计算节点正好发挥其处理能力的固定块,由多个处理节点来同时处理同属于一个逻辑整体的不同的物理部分。无论逻辑整体有多大,都可以按照固定块将其分解成多个,由相应数量的计算节点来同时处理。所以无论逻辑整体是大还是小,其整体处理效率都是一样的,当然这也依赖于是否有足够多的计算节点。

以锁协同主要是当分布式数据库中同时有多个任务要处理某一个列簇时,通过加锁的机制来解决数据记录"脏读"和"脏写"的问题。

3. 封装共性—移动逻辑—并行处理

分布式开发中最复杂的问题是处理代码的任务分发和并行处理间的协同,以及处理完后的结果返回。封装共性是将任务的分发、并行处理和结果返回这些工作完全交由作业节点来完成。分布式开发代码的重点是实现完成数据分配的处理算法。

移动逻辑是指将分布式代码由作业节点发送给每个计算节点,对于计算节点而言,只有逻辑代码在网络中传输,而数据不在网络中传输。移动逻辑的实现是一种逻辑不变而数据可变的思想的具体体现,即谁是可变的,就让不变的部分移动到可变的空间中去处理,从而减少可变部分对时间的占用。

4. 指令流—数据流分离

指令流是指主节点和子节点间只传送指令,而不传送数据。数据流是指子节点和子节点间、子节点和客户端间进行数据的传递。指令流传递仍是一种逻辑不变,且移动逻辑而不移动数据的思想体现。在现实工作中,管理者通常向执行者下达工作指令,由执行者之间进行工作成果的传递,或是执行者向客户提供相应的工作成果。

5.同构复制——属性区分

同构复制是指在安装所有的节点时,无论是对主节点还是对从节点,都按照同一套程序进行,只要一个初始的节点安装好,就可以采用复制的方式进行分发。这样做可以实现节点的动态增加和减少,而无须针对不同的节点,按照不同的程序进行安装,即在管理人员眼中所有的节点都是一样的。

属性区分是指通过配置文件中对节点的主从属性的标注,使安装同样程序的节点在运行时起到不同作用,运行后可以区分出主节点和从节点。当管理端向所有的节点发出启动指令时,各节点会根据配置文件中设置的属性来启动相应的子系统,以便承担相应的工作职责。

6.多个子系统集成

大数据系统是由多个子系统集成起来的系统,大数据系统的规模会随着节点数量增加而不断扩大。每个从属的子系统都是通过预先确定好的端口和属性来与主的子系统进行协同工作的。这里的子系统是指同构的子系统,它们只需通过配置就可以集成在一起协同工作。

二、当前大数据系统简介

大数据系统并不是新的事物,它在现实世界中早就已经存在,比如谷歌的搜索引擎和亚马逊的云计算服务(Amazon Web Services,AWS),它们都借助大数据系统取得了空前的成功。它们成功的秘诀是视角的不同,如谷歌是从上往下看为全球用户提供跨领域的搜索服务,而传统的信息系统则是从下往上看为领域用户提供某个领域的信息服务。谷歌搜索引擎的关系模型如图 2-3 所示。

(一)谷歌

谷歌拥有全球最强大的搜索引擎,为全球用户提供基于海量数据的实时搜索服务。谷歌为了解决海量数据的存储和快速处理问题,用了一种简单而又高效的系统,让多达百万台廉价的计算机协同工作,共同完成海量数据的存储和快速处理。这种系统被谷歌称为云计算,现在看来应该叫大数据系统。

谷歌的大数据系统由谷歌文件系统(Google File System,GFS)、分布式计算编程模式(MapReduce)、分布式结构化数据存储系统(BigTable)和分布式锁服务

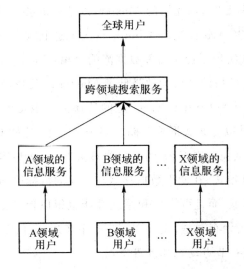

图 2-3　谷歌搜索引擎关系模型

(Chubby)等构成。GFS 提供大数据的存储和访问服务,利用 MapReduce 可以很容易地实现并行计算,利用 BigTable 可以很方便地管理和组织结构化大数据,Chubby 为分布式环境下的并发操作的同步提供保障。

1. GFS

GFS 是一个大型的分布式文件系统,GFS 与 Chubby、MapReduce 及 BigTable 结合非常紧密,是基础的底层系统。GFS 系统由 Client(客户端)、Master(主服务器)和 Chunk Server(数据块服务)三个部分构成。

Client 是 GFS 提供给应用程序的一组专用的访问接口,应用程序直接调用这些接口就可以实现对 GFS 中的分布式文件的读写。

Master 是 GFS 的管理节点,在逻辑上只有一个,它保存文件系统的元数据,负责整个文件系统的管理,是 GFS 文件系统的调度中枢。

Chunk Server 负责具体的存储工作,数据以文件的形式存储在 Chunk Server 上,Chunk Server 的机器数量可以是多个,这些机器的数目决定了 GFS 的规模。GFS 按照固定大小进行文件分割,默认分块大小是 64MB,每块被称为一个 Chunk(数据块),每一个数据块对应一个索引号,这个索引号是元数据的构成要素之一,存储在 Master 的元数据文件中。

客户端在访问 GFS 时,首先访问 Master,以便获取要与之进行交互的 Chunk Server 的信息,然后客户端直接与 Chunk Server 进行交互并完成文件的读取。GFS 的这种设计模式实现了控制流和数据流的分离,Client 与 Master 之间只有控制流而无数据流。这样的设计极大地降低了 Master 的负载,使之专注于控制和任务分配的工作。Client 和 Chunk Server 之间传递的是数据流,由于文件被分成了多个 Chunk 数据块并以分布式形式存储在多个节点上,这样 Client 可以同时访问多个 Chunk Server,从而使得 GFS 的 I/O 高度并行,系统整体性能得到提高。

GFS 的这种设计模式,在使大数据存储与处理的目标得到实现的同时,做到了在一定规模下成本最低,而且可靠性和系统性能也得以保证。GFS 的实现具有采用中心服务器模式、无缓存数据、文件在用户态下实现、提供专用文件访问接口、多副本容错、自动故障检、节点动态加入等特点。

2. MapReduce

MapReduce 是谷歌提出的一个处理大数据的并行编程模式,主要用于大数据(大于 1TB)的并行运算。Map(映射)、Reduce(化简)都是从函数式编程语言和矢量编程语言借鉴而来的,这种编程模式特别适用于非结构化和结构化的海量数据的搜索、挖掘、分析和机器智能学习。

与传统的分布式程序相比,MapReduce 封装了并行处理、容错处理、本地化计算、负载均衡等细节。利用 MapReduce 提供的接口,可以很容易地把计算处理代码自动分发到分布的节点进行并行处理,编程人员只需关注 MapReduce 的业务逻辑处理。

MapReduce 的运行模型由 N 个 Map 函数操作和 X 个 Reduce 函数操作构成。一个 Map 函数就是对一部分原始数据进行指定的操作,由于每个 Map 操作处理的数据不同,所以 Map 与 Map 之间的操作是相互独立的,这就使得 Map 操作可以实现并行化处理。一个 Reduce 操作是对每个 Map 所产生的一部分中间结果进行合并操作,每个 Reduce 所处理的 Map 产生的中间结果是互不交叉的,所以 Reduce 产生的最终结果经过组合就形成了完整的结果集,故 Reduce 函数也可以在并行环境下执行。

Map 是把原始数据的键值对 $\langle K, V \rangle$ 变成另一个键值对 $\langle K_1, V_1 \rangle$,这种转换关系与 Map 的函数处理有关。假定 Map 函数处理的原始键值对是〈序号,语句〉,而输出的键值对是〈单词,单词在语句中出现的次数〉,这就说明 Map 函数的算法按单词对语句进行了拆分,并给出单词在语句中的出现次数。

Reduce 在操作前,系统会先将 Map 的中间结果进行同类项的合并处理。也就是说,Reduce 处理的原始键值对是$\langle K, [v_1, v_2, v_3, \cdots] \rangle$,而输出的键值对就要看 Reduce 函数的算法对这些 v 值进行了什么处理。比如,对某个单词在文章中出现的次数进行计算,那么就将这个单词在所有语句中出现的次数相加,最终输出的是〈单词,在文章中出现的次数〉。

MapReduce 的运行过程有七步。

第一步:系统首先将输入文件分成 M 块,每块大小在 $16\sim64$MB,具体的大小由系统参数决定,接着集群上的机器就可以执行 MapReduce 的程序了。

第二步:由系统的主控程序 Master 向系统中空闲的 Worker 工作机进行 MapReduce 的任务分配,假定有 N 个 Map 任务和 X 个 Reduce 任务需要分派,那么 Master 就会选择空闲的 Worker 来执行这些任务。

第三步:一个被分配了 Map 任务的 Worker 会读取并处理相关的输入块。它处理输入的数据,并且将其变成原始的$\langle K, V \rangle$键值对,然后传递给用户定义的 Map 函数。Map 函数产生的中间结果$\langle K_1, V_1 \rangle$暂时缓存在内存中。

第四步:这些缓存在内存中的中间结果将被定时写到本地磁盘,这些数据将通过分区函数分成 X 个区。中间结果在本地磁盘的位置信息将由 Worker 发回给 Master 主机,然后由 Master 负责把这些位置信息传送给 Reduce 的工作机。

第五步:当 Master 通过 Reduce 的 Worker 工作机告知中间结果的位置时,Worker 远程调用读取中间结果数据。在 Reduce Worker 读到所有的中间数据后,它就利用中间 Key 进行排序,这样可以使得相同的 Key 值都在一起。

第六步:Reduce Worker 根据每一个唯一中间 Key 遍历所有排序后的中间数据,并且把 Key 和相关的中间结果值集合传递给用户定义的 Reduce 函数。Reduce 函数的结果输出到一个最终输出文件。

第七步:当所有的 Map 任务和 Redcue 任务都已完成时,Master 通过用户程序结束任务。

由于 MapReduce 要在成百上千台机器上处理数据,所以在 Master 和 Worker 失效时,容错机制是最关键的。对于 Master 而言,Master 会周期性地设置检查点,并导出 Master 的数据。一旦任务失效,就由最近的一个检查点恢复并重新分派任务。对 Worker 而言,Master 会周期性地给 Worker 发送 Ping 命令,根据 Worker 是否返回应答而判断其状态,如果状态为失效,则将分派给 Worker 的任务分配到其他工作机上重新执行。

3. BigTable

BigTable 是谷歌开发的基于 GFS 和 Chubby 的分布式结构化数据存储系统。谷歌的很多数据,包括 Web 索引、卫星图像数据等在内的海量结构化和半结构化数据都存储在 BigTable 中。

BigTable 是通过一个行关键字、一个列关键字和一个时间戳进行索引的。BigTable 对存储在其中的数据不做任何解析,一律将其看成字符串,具体的数据结构实现由用户自行处理。行关键字可以是任意字符串,其长度大小不能超过 64KB。BigTable 并不是简单地存储所有的列关键字,而是将其组织成所谓的列族(Clumn Family),每个族中的数据都属于同一个类型,并且同族的数据会被压缩在一起保存。其语法规则是"族名:限定词"。族名必须有意义,而限定词可以任意选定。时间戳是 64 位的整型数,具体的赋值方式可以采用系统默认的方法,也可以由用户自定义。

BigTable 由客户端、主服务器和子表服务器三个部分构成。主服务器在一段时间内只有一台。客户需要访问 BigTable 服务器时,首先要打开一个锁,然后,客户端就可以和子表服务器进行通信。主服务器主要进行一些元数据的操作以及解决子表服务器之间的负载调度问题,实际的数据是存储在子表服务器上的。

主服务器的作用包括新子表分配、子表服务器的状态监控和子服务器之间的负载均衡。

子表服务器上的操作主要涉及子表的定位、分配以及子表数据的最终存储。SSTable 是谷歌为 BigTable 设计的内部数据存储格式。所有的 SSTable 文件都是存储在 GFS 上的,用户可以通过行键来查询相应的值。SSTable 的数据被划分成多个 64KB 的数据块,然后在结尾处有一个索引,这个索引保存了 SSTable 中块的位置信息,SSTable 文件被打开时会将这个索引加载到内存中,用户在查找某个块时首先在内存中查找块的位置信息,然后在硬盘上直接找到该块。

4. Chubby

Chubby 是谷歌设计的提供粗粒度锁服务的一个文件系统,它基于松耦合分布式系统,主要解决分布的一致性问题。这种锁是一种建议性的锁,而不是强制性的锁。GFS 使用 Chubby 来选取一个 GFS 主服务器,BigTable 使用 Chubby 指定一个主服务器,并发现、控制与其相关的子表服务器。Chubby 除了提供锁服务外,也可以作为一个稳定的存储系统来存储包括元数据在内的一些小数据,还可以提供名字服务。

分布式一致性问题通过 Quorum 机制(即少数服从多数的选举原则产生一个决议)做出决策。为了保证高可用性,需要若干台机器,但是使用单独的锁服务时只需要一台机器就能保证高可用性。

Chubby 由客户端和服务器端两个部分构成,客户端和服务器端通过远程过程调用(Remote Procedure Call,RPC)来连接。在客户端通过调用 Chubby 的客户端函数库来完成对服务器端的服务请求。服务器端又被称为 Chubby 单元,一般由五个被称为副本的服务器组成,这五个副本在配置上完全一致,在初始运行时是处于同等地位的。这些副本通过 Quorum 机制选举产生一个主服务器,并保证在一定的时间内有且仅有一个主服务器,这段时间被称为主服务器租约期。租约期内所有的客户请求都由主服务器来处理。客户端如果需要确定主服务器的位置,可以向域名系统(Domain Name System,DNS)发送一个主服务器的定位请求,非主服务器的副本将对该请求做出回应,客户端通过这种方式能够对主服务器做出定位。

Chubby 是一个分布式的、存储大量小文件的文件系统,它的所有操作都是在文件的基础上完成的。在 Chubby 的锁服务中,每个文件代表一个锁,客户端通过打开、读取和关闭文件,来达到获取共享锁或独占锁的目的。在主服务器的选举过程中,也是先申请寻找某个文件并请求锁住该文件,然后获得这个文件锁后就将主服务器的信息写入锁中,以便客户端和其他服务器可以获知主服务器的地址信息。

客户端和主服务器之间的通信是通过 KeepAlive 握手协议来维持的。KeepAlive 是周期发送的一种信息,它主要有两个方面的功能:延迟租约的有效期,携带事件信息告诉用户更新(这些事件包括内容被修改、子节点变化、主服务器出错等)。

(二)亚马逊

亚马逊的大数据服务主要包括简单存储服务(Simple Storage Service,S3)、简单队列服务(Simple Queue Service,SQS)、简单数据库服务(SimpleDB)和弹性MapReduce 服务。

1. S3

S3 是亚马逊推出的简单存储服务,用户通过亚马逊提供的服务接口可以将任意类型的文件临时或永久地存储在 S3 服务器上,S3 的总体设计目标是可靠、易用以及低使用成本。S3 系统是架构在 Dynamo 平台上的,它采取的并不是传统的关系数据库存储方式。S3 存储系统涉及三个基本概念,即对象、键和桶。

对象是 S3 的基本存储单元,主要由数据和元数据两个部分组成。数据可以是任意类型;元数据是用来描述数据内容的附加信息,它可以是系统元数据,也可以是用户自定义的元数据。元数据的定义通过一组键值对来完成。S3 的元数据由用户自己完成定义,系统并不干预。键是对象的唯一标识符,用于存储在 S3 上来作为区别于其他对象的 ID 信息。桶是一个用来存储对象的容器,其作用类似于文件夹。亚马逊目前对每个用户的限制是最多创建 100 个桶,但并不限制每个桶中的对象数量。桶是不能被嵌套的,桶的名称在整个 S3 服务器中必须是全局唯一的。

2. SQS

要想构建一个灵活且可扩展的系统,松耦合是非常必要的,这样有利于随时在系统中增加或删除某些组件。但松耦合也带来了组件间通信的问题,SQS 就是为了解决各系统间的通信问题而专门设计的。

SQS 由系统组件、消息和队列三个部分构成。系统组件是 SQS 的服务对象,即各系统,而 SQS 就是各组件之间沟通的桥梁。系统组件既可以是消息发送者,也可以是消息接收者。

消息是发送者创建的具有一定格式的文本数据,接收对象可以是一个或多个组件。消息的大小限定在 8KB 内。消息一般由消息 ID、接收句柄、消息体、消息体摘要四个部分构成。

队列是存放消息的容器,类似于 S3 中的桶,队列的数目可以是任意的。创建队列时,用户必须给定每个队列一个唯一名称,当需要定位某个队列时,采用 URL (Uniform Resource Locator,统一资源定位符)方式进行访问。队列中消息的组织策略是先进先出。

队列中的消息是被冗余存储的,同一个消息会存放在多个服务器上,这样做是为了保证系统的高可用性。在查询队列中的消息时,SQS 采用加权随机分析的方式进行消息取样,当用户发出查询队列消息的命令后,系统会在所有的服务器上使用基于加权随机分布的算法随机地选出部分服务器,然后返回这些服务器上保存的队列消息副本。

3. SimpleDB

SimpleDB 简称 SDB。与 S3 不同的是,SDB 主要用于存储结构化的数据,并为这些数据提供查找、删除等基本的数据库功能。

SDB 的基本结构包括用户账户、域、条目、属性、值五个部分。

用户账户相当于 SDB 中一个唯一区别于其他数据库的数据库,具体的数据库表全部存放在这个数据库中。

域是数据空间的一种划分单位。一个用户账户下可以有多个域,域名至少包含 3 个字符,最多不超过 255 个字符。一个用户账户下最多可以有 100 个域,而每个域的大小为 10GB。创建域类似于创建主题库,是把包含关于一个事物不同侧面的信息的多个基本表都归属到这个域中。

条目就是一个实际的对象,用户可以用一系列属性来描述这个对象。一个条目在域内是唯一的。条目类似于一个数据库表,而且这个表是动态可变化的。

属性就是条目的内部构成,也就相当于表的字段。一个条目可以有多个属性。

每个条目中某个属性的具体内容就是值。SDB 不同于关系数据库,它允许一个属性有多个值,比如,在一个颜色属性上,可以同时标示黑色和红色两个值。属性值的总量不能超过 1KB。

4. 弹性 MapReduce 服务

在亚马逊推出弹性 MapReduce 服务之前,有人已经在 EC2 上部署了 Hadoop 的 MapReduce 功能,现在亚马逊已将这项服务整合到了 AWS 上,为需要进行海量数据处理的用户提供服务。

(三)Hadoop

Hadoop 已被企业广泛地用于搭建大数据库系统,因为它是开源的系统,并且有大量的人员、组织和机构都在研究和使用它。据不完全统计，全球已经有数以万计的企业在安装和使用 Hadoop 系统。国内知名的中国移动、中国电信、百度、阿里巴巴等都在大量地使用 Hadoop 系统。

2003 年开始，谷歌连续发表了有关 GFS、MapReduce、BigTable 的论文，揭示了其核心技术。正好在这个时候，开源搜索引擎 Nutch 和开源全文检索 Lucene 的作者 Doug Cutting 从谷歌发表的论文中找到了提高平台可靠性和性能的解决方法。从 2004 年开始，他花了两年的时间开发了一套系统，而这套系统正是后来广受人们欢迎的 Hadoop 系统。Hadoop 目前是 Apache 组织正在推进的项目，这个项目主要由两大子项目构成，一个是基础部分，另一个是配套部分。

1. 基础部分的子项目

Hadoop Common：该项目是支撑 Hadoop 的公共部分，包括文件系统、远程过程调用和序列化函数库等。

HDFS：该项目是可以提供高吞吐量的可靠分布式文件系统，是 Google GFS 的开源实现。

MapReduce：该项目是大型分布式数据的处理模型，是 Google MapReduce 的开源实现。

2. 配套部分的子项目

HBase：该项目是支持结构化数据存储的分布式数据库，是 Google BigTable 的开源实现。

Hive：该项目是提供数据摘要和查询功能的数据仓库。

Pig：该项目是在 MapReduce 上构建的一种脚本式开发方式，大大简化了 MapReduce 的开发工作。

Cassandra：该项目是由 Facebook 开源出来的一个分布式数据库系统。

Chukwa：该项目是一个用来管理大型分布式系统的数据采集系统。

ZooKeeper：该项目用于解决分布式系统中的一致性问题，是 Google Chubby 的开源实现。

利用 Hadoop 项目的工作成果，企业可以轻松地搭建一个完美的大数据库系统。具体的搭建和开发方法，本书在后面部分会详细描述。

大数据基础技术支持

　　大数据解决方案的构架离不开云计算的支撑。支撑大数据及云计算的底层原则是一样的,即规模化、自动化、资源配置、自愈性,这些都是底层的技术原则。也可以说,大数据是构建在云计算基础架构之上的应用形式。作为上层的应用形式,它很难离开云计算架构而存在。云计算下的海量存储、计算虚拟化、网络虚拟化、云安全及云平台就像支撑大数据这座大楼的钢筋水泥。只有好的云基础架构支持,大数据才能立得起来,才能站得更高。虚拟化是云计算所有要素中最基本,也是最核心的组成部分。和最近几年才出现的云计算不同,虚拟化技术的发展其实已经走过了半个多世纪。本章主要介绍云计算平台的架构及虚拟化技术,并讲述大数据处理的基础——数据采集。

第一节　大数据与云计算

　　云计算(Cloud Computing)是近几年兴起的热门 IT 词汇,很多人把它形容为下一次计算机变革。其实它的思想可以追溯到 20 世纪 60 年代,John McCarthy当时就设想在未来某一天计算会像水、电、煤那样,成为人们使用的公用资源。从广义上讲,云计算就是 IT 资源(通常是虚拟化的资源)基于网络的交付和使用模式。① 云计算包括以下几个显著特点:用户可以按照需求申请使用服务;随着需求的改变,动态调整申请的服务;服务的申请交付方式往往是自助的;只要网络条件允许,就可以使用服务。

---

　　① 张亚勤,沈寓实,李雨航,等.云计算 360 度:微软专家纵论产业变革.北京:电子工业出版社,2013.

作为新兴的计算模式和商业模式,云计算在学术界和业界获得了巨大的发展动力,政府、研究机构和行业领跑者正在积极地尝试应用云计算来解决网络时代日益增长的计算和存储问题。除了亚马逊的 AWS、谷歌的 GAE(Goolge App Engine)和微软的 Windows Azure Services 等商业云平台之外,一些开源的云计算平台,如 Hadoop、OpenNebula、Eucalyptus、Nimbus、CloudStack 和 OpenStack 等相继出现,每个平台都有其显著的特点和不断发展的社区。

云计算平台拥有的以下主要特点和优势使其能够被广泛地运用。

(1)简单资源访问:资源作为服务提供给用户,可以通过网络访问它。例如,用户使用信用卡可以立即访问亚马逊的 EC2 虚拟机。

(2)资源按需分配:当一个应用被部署到云端时,应用可以根据需求自动地扩展在云上的资源,云平台负责资源的提供和负载均衡。

(3)更好的资源利用:云平台根据用户的资源需求协调总体的资源利用。

(4)节约花费:云计算用户根据他们对云计算资源的使用量付费,如果他们的应用得到优化,就会减少使用的云资源,相应的支付费用也会减少。

一、大数据与云计算的辩证关系

云计算技术自 2007 年以来得到了蓬勃的发展。云计算的核心模式是大规模分布式计算,将计算、存储、网络等资源以服务的形式提供给多用户,按需使用。云计算为企业和用户提供高可扩展性、高可用性和高可靠性的服务,提高资源使用效率,降低企业信息化建设、投入和运维的成本。随着亚马逊、谷歌以及微软公司提供的公共云服务的不断成熟与完善,越来越多的企业正在往云计算平台上迁移。

由于国家的战略规划需要和政府的积极引导,我国云计算技术近几年来取得了长足的发展。北京、上海、深圳、杭州、无锡成为第一批云计算示范城市,北京的"祥云"计划、上海的"云海"计划、深圳的"云计算国际联合实验室"、无锡的"云计算项目"、杭州的"西湖云计算公共服务平台"先后启动和上线,其他城市如天津、广州、武汉、西安、重庆、成都等也都推出了相应的云计算发展计划或成立了云计算联盟,积极开展云计算的研究开发和产业试点。① 然而中国云计算的普及在很大程度上仍然局限在基础设施的建设方面,缺乏规模性的行业应用,没有真正实现云计算的落地。物联网及云计算技术的全面普及是我们的美好愿景,因其能够实现信息采集、信息处理,以及信息应用的规模化、泛在化、协同化。然而其应用的前提是大部分行业、企业在信息化建设方面已经具备良好的基础和经验,有着迫切的需求去改造现有系统架构,提高现有系统的效率。而现实情况是大部分中小企业在信息化建设方面才刚刚起步,只有一些大型企业和国家部委在信息化建设方面具备基础。

大数据的爆发是社会和行业信息化发展中遇到的棘手问题。数据流量和体量增长迅速,数据格式存在多源异构的特点,而我们又要求数据处理能够准确实时,能够帮助我们发掘出大体量数据中潜在的价值。传统的信息技术架构已无法处理大数据问题,它存在扩展性差、容错性差、性能低、安装部署及维护困难等诸多瓶颈。物联网、互联网、移动通信网络技术在近些年来的迅猛发展,使得数据产生和传输的频度和速度都大大提高,催生了大数据问题,而数据的二次开发和深度循环利用则让大数据问题日益突出。

我们认为,云计算与大数据是相辅相成、辩证统一的关系。云计算、物联网技术的广泛应用是我们的愿景,而大数据的爆发则是发展中遇到的棘手问题。前者是人类文明追求的梦想,后者是社会发展亟待解决的问题。② 云计算是技术发展的趋势,大数据是现代信息社会飞速发展的必然现象。解决大数据问题,又需要借助现代云计算的手段和技术。大数据技术的突破不仅能解决现实困难,而且会促使云计算、物联网技术真正落地,使其得到深入推广和应用。

从现代信息技术的发展中,我们能总结出以下几个趋势和规律。

(1)大型机与个人 PC 之争,以个人 PC 完胜为终局。苹果 iOS 和安卓(Android)之争,结果是开放的安卓平台在 2~3 年内抢占了 1/3 的市场份额。诺基亚的塞班(Symbian)操作系统因为不开放,现在已经基本被淘汰。这些都说明了现代 IT 技

---

① 高汉中,沈寓实. 云时代的信息技术:资源丰盛条件下的计算机和网络新世界. 北京:北京大学出版社,2013.

② Gilder G, Telecoms. The world after bandwidth abundance, revised and with a new afterword. 2002.

术需要本着开放、众包的观念，才能取得长足发展。

（2）现有的常规技术同云计算技术的碰撞与 iOS 和安卓之争相类似，云计算技术的优势在于利用众包理论和开源体系，建设在基于开放平台和开源新技术的分布式架构之上，能够解决现有集中式的大型机处理方式难以解决或不能解决的问题。像淘宝、腾讯等大型互联网公司也曾经依赖于 Sun、Oracle、EMC 这样的大公司，后来都因为成本太高而采用开源技术，自身的产品最终也贡献给开源界，这也反映了信息技术发展的趋势。

（3）传统行业巨头已经向开源体系倾斜，这是有利于其他行业追赶的历史机遇。传统的行业巨头，大型央企如国家电网、电信部门、银行、民航部门等因为历史原因过度依赖外企成熟的专有方案，造成创新性不足，被外企产品绑架的格局。从解决问题的方案路径上分析，要想解决大数据问题，必须逐渐放弃传统信息技术架构，利用以云计算技术为代表的新一代信息技术。尽管先进的云计算技术主要发源于美国，但是基于开源基础，我们与发达技术的差距并不大，将云计算技术应用于大型行业中迫切需要解决的大数据问题，也是我们实现创新突破、打破垄断、追赶国际先进技术的历史契机。

（一）大数据是信息技术发展的必然阶段

根据今天的信息技术发展情况，我们预测：各个国家和经济实体，都会将数据科学纳入亟待研究的应用范畴，数据科学将发展成为人类文明中一门至关重要的宏观科学，其内涵和外延已经覆盖所有同数据相关的学科和领域，逐渐构建出清晰的纵向层级关系和横向扩展边界。

纵向上，从文字、图像的出现，发展到以数学为基础的自然学科，再发展到以计算机为工具，甚至到云计算、物联网、移动互联网的今天，围绕的核心就是数据。只是今天的数据，按照我们的宏观数据理论，已经扩展为所有人类文明所记载的内容，而不再是狭义的数值。

横向上，数据科学正向其他社会学科和自然学科渗透，并在很大程度上影响了其他学科研发流程和探究方法的传统思维，建立了各个学科、各个领域间的新型关联关系，淡化了物理性边界，使事物和事件变得更加一体化。

正是这种横向、纵向上的延展，使数据的包容性达到了前所未有的数量、容量和质量，而且加速倾向严重，数据的重要性更是上升到生产要素的战略高度，使人们意识到大数据时代(或叫数据时代)真正来临了。这一切的起因,就是信息技术的高速发展。

所以说,大数据是我们必须面对的问题,大数据时代是我们发展中必然要经历的阶段。

(二)云计算等新兴信息技术正在真正地落地和实施

国内云计算及大数据市场已经具备初步发展态势。2010 年,中国云计算市场规模同比增长 29.3%。2011 年计世资讯研究表明,在企业用户中,已经有 67.5% 的用户认可云服务模式,并开始采用云计算服务,或者在企业内部实现云平台共享。云计算市场规模也从 2010 年的 167.31 亿元人民币增长到 2013 年的1174.12 亿元人民币,年均复合增长率达到 91.5%。[①] 未来几年,云计算应用将重点在政府及电信、教育、医疗、金融、石油石化和电力等行业得到发展。

云计算及大数据处理技术已经渗透到国内传统行业及新兴产业,政策引导力度不断加大。纵观国内市场,云计算已广泛应用在互联网企业及社交网站、搜索、媒体、电子商务等新兴产业领域。同时,在国家的政策引导下,科研经费投入力度加大,国家重大项目资金、政府引导型基金、地方配套资金和企业发展所需的科研基金涉及国民经济多个支柱型行业和领域,其规模、数量增长迅猛,时效显著。在这一大背景下,传统行业的云计算应用将蓬勃发展起来,但目前大多仍着眼于硬件建设、资源服务层面(如智慧城市中的宽带建设、数据中心项目等),以及核心软件关键技术如大数据处理方面。然而总体而言,云计算更多的是在课题研究领域,它并没有走下"神坛",真正的应用也不多见。

重点领域行业对新兴技术及其应用需求迫切,可以看到的是,这种市场状况正在改善。一方面,一些企业(电力、民航、银行、电信)为了自身业务的发展需要,确实迫切需要新的技术解决在大数据处理方面所遇到的问题;另一方面,随着经济的高速发展以及市场环境的不断变化,越来越多的企业意识到数据在开拓市场、提升自身竞争力等方面所起到的重要作用,挖掘数据、寻找新价值的需求逐渐受到了重

---

① 罗锋盈.信息安全国家标准制定动态.信息技术与标准化,2010(3):21-22.

视。① 同时,现代信息技术作为产业升级、打造新兴产业的引擎,又极大地推动了大数据处理技术的发展。可以预见,大数据处理市场将会变得空前广阔,数据为王的理念将会被越来越多的人接受。

(三)云计算等新兴信息技术恰恰是解决大数据问题的关键

信息技术的高成本和高含量问题经常让信息技术成为使用者用不起、搞不懂、碰不得的事物,影响信息技术的应用和创新。而云计算的迅速崛起,逐步解决了高成本、高含量的问题,但低成本、高速度的数据应用也使数据泛滥成灾,出现数量大、结构变化快、时效性高、价值密度低等几大问题,因而促成了大数据这个概念。只有解决大数据这个疑难杂症,才能使云计算等新兴技术真正落地。怎么解决大数据问题?用什么技术?坚持什么原则?这些是需要认真考虑的问题。

大数据问题的解决,首先要从大数据的源头开始梳理。既然大数据源于云计算等新兴信息技术,就必然有新兴信息技术的基因继承下来。低成本、按需分配、可扩展、开源、泛在化等特点是云计算的基因,这些基因体现在大数据上,就有了性质上的突变。如低成本这个基因,在大数据问题上就演变出数据产生的低成本和数据处理的高成本;按需分配的虚拟化基因,促使数据的应用变得更加平台集中化;可扩展、开源和泛在化使数据增速异常等。② 综合起来就是:大量的、普遍存在的、低成本的、低价值密度的数据,多集中在平台上,使处理成本加大,技术难度加大,而且泛在化倾向加重。

泛在化倾向的加重,意味着这个问题本身是全链条全领域的增速共生事件,就必须以广泛的视野和观念来克服和改善,简单的单项处理技术和局部突破在这个数据裂变量面前经常会变得力不从心。这同云计算技术突破传统信息技术的大型机原理、高成本瓶颈和技术垄断是一个道理,说明低成本的复制、可扩展的弹性、众人参与的开源等原则既是云计算的基础手段,也是解决大数据问题的最实用的办法。再深入分析,云计算等先进的信息技术,其天性就是要快速、方便、便宜地解决数据,所以,"解铃尚需系铃人"的逻辑思维是我们最便捷的解决路径,特别是互联

① Miller M. Cloud Computing:Web-Based Applications That Change the Way You Work and Collaborate Online. Que Publishing,2009.

② 陈柳钦. 智慧城市:全球城市发展新热点. 青岛科技大学学报,2011,26(1):8-16.

网产业的爆炸式发展,让这个路径变得越来越唯一。① 覆盖和变革全信息产业的云计算等新兴信息技术,抽象出了"云"的理念、原则和手段,成为我们理解大数据、克服大数据问题、应用大数据的制胜法宝和关键。

(四)应用背景对大数据的推动作用大于其他条件

人类文明中,任何一项新技术的诞生,其实质几乎都是在增加效率和减少要素投入上下功夫,云计算和大数据也是如此。没有应用需求,就不会有实践,就更谈不上在实践中减少成本和增效。云计算是让高成本、高含量"逼上梁山"的产物,但如果没有巨大的市场需求和应用背景,再逼也不会"上梁山",大数据也是如此。

市场告诉我们,需求带来的应用,才是技术的最大推动力,任何行政手段都不能替代它。服务市场,服务应用,才是最好的方式。

二、大数据时代的云服务

云计算按照服务的组织、交付方式的不同,可以分为公有云、私有云、混合云。公有云向所有人提供服务,典型的公有云提供商是亚马逊,人们可以用相对低廉的价格购买弹性计算云(Elastic Compute Cloud,EC2)的虚拟主机服务。私有云往往只为特定客户群提供服务,比如一个企业内部 IT 可以在自己的数据中心中搭建私有云,向企业内部提供服务。② 目前也有部分企业整合了内部私有云和公有云,统一交付云服务,这就是混合云。

按照提供服务的类型,云计算又分为基础设施即服务(Infrastructure as a Service,IaaS)、平台即服务(Platform as a Service,PaaS)、软件即服务(Software as a Service,SaaS)。IaaS 提供商提供虚拟主机、存储等这样的基础计算资源,例如,通过亚马逊的 AWS,用户可以按需定制虚拟主机和块存储等,在线配置和管理这些资源。通过 PaaS,开发者可以很方便地把应用(通常是基于 PaaS 提供商 SDK

---

① Simon Haykin. Neural Network:a Comprehensive Foundation. 2nd ed. Prentice:Prentice Hall,1999.

② Deelman E, Singh G, Livny M, et al. The cost of doing science on the Cloud:The Montage example. Austin:Proceedings of the 2008ACM/IEEE Conference on Supercomputing, 2008.

开发的并符合平台接口规范的应用)部署到云上,并能够使用平台提供的应用服务,比如数据库、消息系统。一方面,PaaS使得应用开发者能够从繁杂的安装部署中解放出来,从而把更多的精力放在应用逻辑本身;另一方面,应用可以根据需要动态调配运行的实例个数,从而应对变化的负载压力,例如,应用可以增加运行的实例个数来分担负载。① 目前常见的PaaS提供商有Cloud Foundry、谷歌的GAE等。在SaaS模式中,提供商通过网络提供更为具体的软件服务,用户无须购买、安装软件便可以向提供商定制需要的基于网络的软件服务,例如邮件服务、数据处理服务、财务管理服务等。

(一)大数据与基础设施即服务

基础设施即服务指通过网络向消费者提供服务器、网络、存储等资源。基础设施即服务的优势主要有以下几点。

1. 弹性

基础设施即服务可以提供弹性资源,资源随着工作负载的增长而即时增大,又随着资源需求的减少而即时减小。即时性是很重要的一个优点,因为基础设施即服务对资源的变化可以即时响应,用户无须花费数周甚至数个月去等待硬件的购买和安装过程,基础设施即服务对突如其来的需求暴增可以从容不迫地应对,资源需求减退后,又可返还占用的资源给其他需要使用的应用。

2. 低成本

基础设施即服务一般是基于虚拟化技术,按需分配资源的。在传统的IT环境中,用户购买服务器、存储等资源的时候往往需要考虑它们一年或者更长时间的适用性,所以会购买冗余的资源,换句话说,就是要把宝贵的经费浪费在暂时用不上的资源上面。而在使用基础设施即服务的时候,因为其具有规模效应,结合虚拟化、过量使用等技术,可以让资源得到更充分的利用,在同样的资源需求下,成本更低。此外,由于前面提到的基础设施即服务具有弹性优势,用户可以减少或者不考

---

① Zhao Y, Dobson J, Foster I, et al. Wilde M. A notation and system for expressing and executing cleanly typed workflows on messy scientific data. ACM Sigmod Record, 2005, 34(3): 37-43.

虑资源未来的适用性,使硬件成本进一步降低。

3. 使用便利

基础设施即服务一般采用自助服务形式,用户可以进行规模化操作。打个比方,在传统环境中,用户发现应用的资源不够了,需要添加新的硬件,他可能需要填写一系列的表格,申请购买新服务器;经过漫长的等待后,终于拿到服务器,开始配置网络,使其加入已有网络;如果企业使用了存储区域网络(Storage Area Network,SAN)等外部存储,用户还需要配置存储给这台新的服务器使用;最后可能需要安装各种虚拟化软件、操作系统。[①] 可见,这个过程相当麻烦,尤其是在用户运营着一个服务器集群,处理着大数据问题时。基础设施的变更是经常发生的事情,每次变更都需要同时操作数十上百台服务器。如果使用了基础设施即服务,只需把需要的服务器配置和网络要求告诉系统,点击鼠标,就可以得到网络、存储配置完好的服务器,并且服务器里已经按照选择安装好了操作系统。这一切都是如此便利。更美妙的是,当告诉系统配置后,可以把该配置当作一个模板,以同样的模板大规模地部署硬件设施。

从基础设施即服务的三个优点可以看出,它尤其适用于处理大数据需要分布式计算的场景下,主要原因在于以下几点。

(1)因为需要处理海量数据,我们可以认为计算量是无限的,但能付出的成本是有限的。我们需要用尽可能低的成本来进行计算,譬如使用廉价的硬件设备、低成本的分布式存储等方案。

(2)这类场景中的计算往往是按照工作任务(Job)的形式来管理的,而不同的任务有可能并行进行,在不同的阶段每个任务使用的资源差别巨大。如何把资源合理分配到不同的任务中去?如何在某个任务需要使用资源时马上提供?这些都可以通过基础设施即服务来解决。

(3)这类场景的应用往往需要海量的服务器集群,服务器数量很多,配置相似,如果人工去配置则工作繁复,使用基础设施即服务系统的模板可以便捷地管理这

① Christie M,Marru S. The lead portal:A TeraGrid gateway and application service architecture:Research articles. Concurrency and Computation:Practice and Experience,2007,19 (6):767-781.

些服务器。

目前主要的基础设施即服务有亚马逊的 AWS、谷歌的 GCE(Google Compute Engine),还有来自开源社区的 OpenStack。它们都不约而同地提供了针对大数据处理的服务。

(二)亚马逊云计算服务的解决方案

1. Amazon EMR

Amazon Elastic MapReduce(Amazon EMR)是亚马逊提供的,可以为企业、研究人员、数据分析师及开发人员提供容易使用的处理大数据的网络服务。它基于 Hadoop 框架,部署在亚马逊现有的基础设施即服务——Amazon EC2 及 Amazon S3 上。

Amazon EMR 的架构如图 3-1 所示,它在 Amazon EC2 上创建 Hadoop 的集群,把脚本、输入数据、日志文件、输出结果存储在 Amazon S3 上。

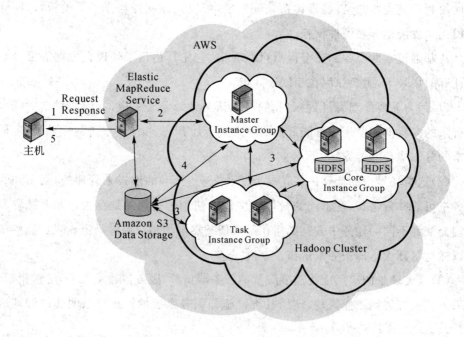

图 3-1　Amazon EMR 的架构

Amazon EMR 的处理步骤如下：

（1）把需要处理的数据、Mapper 脚本、Reducer 脚本上传到 Amazon S3 上，然后向 Amazon EMR 发一个请求来启动工作任务；

（2）Amazon EMR 启动在 Amazon EC2 上的 Hadoop 集群，导入引导脚本，使其在集群的每个节点中运行；

（3）Hadoop 按照工作流程定义从 Amazon S3 中下载分析数据，或者在 Mapper 脚本运行时动态导入数据；

（4）Hadoop 集群处理数据并上传结果到 Amazon S3；

（5）当所有的数据都处理完毕后，用户可以从 Amazon S3 中获得分析结果。

使用 Amazon EMR 时，用户可以根据自身需要及时配置、调整容量，以执行应用程序的密集型任务，例如 Web 索引、数据挖掘、日志分析、机器学习等。用户可以专注于处理和分析数据，而不必为设置、管理、优化容量等担忧，也无须担心是否有足够的计算容量。

2. Amazon DynamoDB

Amazon DynamoDB 是亚马逊自主开发的一种 NoSQL，2012 年 1 月上线亚马逊云计算服务。谈起 DynamoDB，大家印象最深的应该是亚马逊 2007 年发表的 Dynamo 论文，很多 NoSQL 产品都借鉴了 Dynamo 的思想。从 NoSQL 分类上来看，DynamoDB 属于 Key+Columns 类型。

Amazon DynamoDB 是部署在亚马逊云计算服务上的，用户在控制台上点几下鼠标就可以使用 DynamoDB 数据表，而无须关心硬件配置、设置等问题。同时，用户也无须担心数据量增长带来的性能问题，因为 Amazon DynamoDB 自动将表的数据和流量分布到数量足够的服务器中，以处理客户指定的请求容量和存储的数据量，同时保持稳定、快速响应的性能。所有数据均存储在固态硬盘中，并自动复制到某个地区的三个可用区域，以保持内置的高可用性和数据持久性。

亚马逊的云计算服务优势还体现在整合性上，如果用户同时使用了 AmazonDynamoDB 和 Amazon EMR，两个大数据服务就可以整合使用。用户可以很容易地用 Amazon EMR 分析存储在 Amazon DynamoDB 上的数据集，并把数据处理结果输出到 S3 上。

(三)OpenStack 云计算服务的解决方案

OpenStack 是一个起源于美国航空航天局和 OpenStack 的母公司 Rackspace，定位于 IaaS 的开源云计算项目。作为云领域的 Apache，OpenStack 以建立一个同时适用于不同规模的公有云和私有云，并具备高伸缩性的开源云计算平台为目标。2012 年 9 月发布的版本是 Folsom，版本 Grizzly 于 2013 年 4 月发布。Folsom 由 Compute(Nova)、Image Service(Glance)、Object Storage(Swift)、Dashboard(Horizon)、Identity(Keystone)、Network Service(Quantum)、Block Storage(Cinder)七个子项目组成。OpenStack 是以 Apache 许可证授权的，并且是一个自由软件和开放源代码项目。良好的血统、友好的授权协议使其成为目前企业私有云架设的主要选择之一。

从 OpenStack 组件可以看出它专注于基础设施的管理与服务，但由于它的开源性质，大量第三方对它进行了二次开发，加入了大数据支持特性，其中最有代表性的要数 Rackspace 提出的新一代企业数据仓库解决方案(Analytical Compute Grid，ACG)。他们希望可以通过横向扩展新的基础设施来满足日益增长的企业用户数据分析需求。

ACG 的架构如图 3-2 所示。ACG 主要分成三个部分：ACG Node——ACG 数据处理的核心；ACG Controller——ACG 集群的控制器；ACG API——消费数据的 API(Application Programming Interface，应用程序编程接口)。

ACG 解决方案的功能包括：

(1)可以满足来自不同企业、部门不断增加的数据存储需求；

(2)允许快速地收集数据；

(3)快速纵向、横向扩展以满足资源需求的变化；

(4)基于现有的开源技术，降低企业的成本。

在 ACG 里面，OpenStack 是核心：

(1)OpenStack 负责维持资源的弹性；

(2)ACG 对虚拟机的快速创建与删除有着很高的要求，OpenStack 负责这部分工作；

(3)ACG 使用 OpenStack 的 Image Service 来存储各个必要组件的虚拟机镜像。

ACG 提供三种类型的数据存储：

（1）基于 Cassandra 的列式结构存储；

（2）基于 PostgreSQL 的关系数据结构存储；

（3）基于 HDFS 的非结构化数据存储。

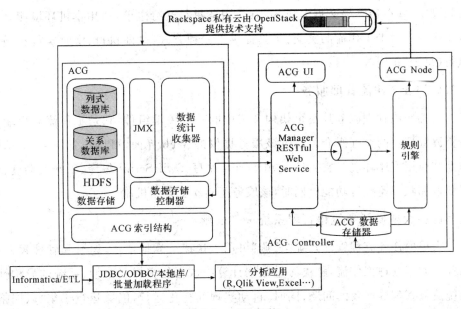

图 3-2　ACG 架构

RackSpace 的 ACG 解决方案，除了给企业用户提供数据仓库、MPP（Massively Parallel Processing，大规模并行处理）解决方案外，还提供了第三个选择，让用户可以充分利用基础设施即服务，解决企业内大数据处理的问题。

直接建立在基础设施即服务上的大数据解决方案尚不多，因为大数据主要是在应用层面的技术，其与基础设施即服务间还隔着一层应用平台即服务。更多的云计算服务解决方案是在基础设施即服务上搭建了一层平台即服务，最后提供大数据解决方案。

三、云工作流端对端集成架构方案

本部分主要介绍云工作流的端对端集成架构方案，涵盖了集成所涉及的主要方面，包括客户端提交工具、用于接收任务提交的云工作流管理服务、大规模任务流程管理系统、大规模任务调度系统、云资源管理监控系统及 OpenNebula 云平台。

(一)客户端提交工具

客户端提交工具是一个独立的应用程序,为工作流提供集成开发环境,允许用户编写、编译和提交 SwiftScript 脚本。研究人员和应用开发人员可以在此环境下编写脚本,并在最终提交脚本到 Swift 云服务进行运行之前,使用本机环境测试运行工作流。对于工作流的提交,工具提供了三种方式:立即执行、定时执行和循环执行(每天、每周等)。[①]

(二)云工作流管理服务

云工作流管理服务是整个架构方案中的一个关键组件,它是工作流客户端和云资源管理器的交互媒介。通过该服务提供的 Web 界面,可以设置服务、资源管理器和应用程序环境。它支持 SwiftScript 编写、SwiftScript 编译、工作流调度、资源获取和状态监控等功能。同时,该服务还实现了容错机制。

(三)大规模任务流程管理系统——云燕

大规模任务流程管理系统"云燕"可用于快速可靠地描述、运行和管理超大型的并行数据处理工作流,解决海量数据计算中数据的多样复杂性、系统的异构性、系统流程管理等涉及的问题;同时,自动实现并行化运行,能够运行于集群、网格、超级计算机及云平台上,支持应用定制、复杂流程管理、自动容错机制、可视化等特性。它能够实现以下功能。

(1)用 SwiftScript 简洁地描述复杂的并行计算;完成各种数据的转换,方便地访问各种结构的数据。

(2)多平台支持,可以运行在 Windows 和 Linux 系统上,运行的平台可以是简单的单机多核工作站,也可以是企业网络机器,或是大型的网格系统或云计算平台。

如图 3-3 所示,"云燕"的功能架构由四个主要组件构成:计算描述、调度、执行和资源配置。组件的功能为使用简单高效的脚本语言定义计算,脚本程序被编译

---

① Hull D, Wolstencroft K, Stevens R, et al. Tavema: A tool for building and running workflows of services. Nucleic Acids Research,2006,34:729-732.

成抽象的计算计划,然后被调度到分配的资源上执行。[①] "云燕"中的资源配置非常灵活,与调度系统"云鹰"和资源管理监控系统"云龙"无缝集成,任务可以被调度到多种资源环境中执行,资源供应者的接口可以是本地主机、集群环境、多站点网格环境或云计算平台。

"云燕"的四个主要组件可以轻易地映射到工作流管理系统(Workflow Management System,WfMSs)参考架构的四个逻辑层中。计算描述组件和展示层相映射,相比于图像化呈现,"云燕"所提供的脚本更侧重与用户交互的并行,而调度、执行和资源配置组件可以分别和工作流管理层、任务管理层和操作层相映射。

"云燕"可以极大地减少复杂的并行数据处理系统的开发时间,还可以大大缩短运行时间,可应用于医学、生物、物理、经济学、社会科学等各个领域。

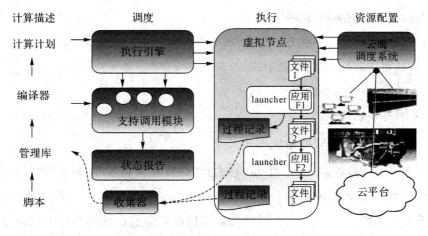

图 3-3　大规模任务流程管理系统——云燕

(四)大规模任务调度系统——云鹰

大规模任务调度系统"云鹰"能够在云平台上实现动态、高速、高效、高可扩展性的任务调度,能够支持大规模任务(多达以千万计的任务)的请求、大规模(以百万计)的运行器,满足海量任务需求,如图3-4所示。

---

①　Ludascher B,Altintas I,Berkley C,et al. Scientific workflow management and the Kepler system. Concurrency and Computation:Practice and Experience,2006,18(10):1039-1065.

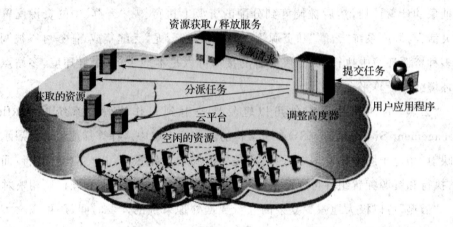

图 3-4　大规模任务调度系统——云鹰

"云鹰"具有以下特性：[①]

(1)轻型高效的任务调度,可以实现每秒分发几千个任务;

(2)高可扩展性,支持千万个任务;

(3)跨数据中心,资源协同使用;

(4)自动负载均衡。

(五)云资源管理监控系统——云龙

云资源管理监控系统"云龙"接收来自任务流程管理系统"云燕"的资源请求,并负责与底层云计算平台进行交互,动态地将"云鹰"虚拟集群计算资源分配给云工作流服务系统。[②] 同时,"云龙"还负责监控虚拟集群的状态并提供记录完善的日志。

---

①　Freire J,Silva C T,Callahan S P,et al. Managing rapidly-evolving scientific workflows. Proceedings of the 2006 International Conference on Provenance and Annotation of Data,2006.

②　Deelman E. Pegasus：A framework for mapping complex scientific workflows onto distributed systems. Scientific Programming,2005,13(3):219-237.

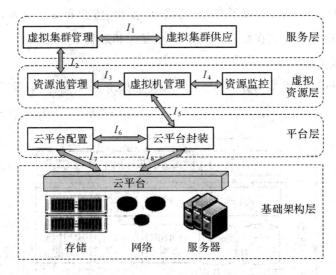

图 3-5 云资源管理监控系统——云龙

"云龙"的功能特性(见图 3-5)描述如下:

(1)集中统一的云计算平台,具有资源共享、弹性调度等功能;

(2)集群及网络管理,能够自动创建、注销虚拟机计算集群,并配置网络;

(3)虚拟机镜像管理,根据应用需求生成镜像,具有自动化应用环境部署功能;

(4)完善的监控及日志记载功能,对虚拟机集群进行监控、收集监控数据,自动重启无法恢复服务的虚拟机。

(六)OpenNebula 云平台

行业大数据处理平台底层能够支持 OpenNebula、Eucalyptus 和亚马逊 EC2 等多种云平台。在这过程中,首先实现的是基于 OpenNebula 的行业大数据平台,其为行业大数据处理平台的实现提供了丰富的 API 接口。[①]

OpenNebula 是一个用来创建 IaaS 私有云、公有云和混合云的开源工具,同时它还是一个可以实现多种不同云架构并和多种数据中心服务进行交互的模块

① Zhao Y，Hategan M，Clifford B，et al. Swift：Fast，reliable，loosely coupled parallel computation. Salt Lake City：IEEE Workshop on Scientific Workflows，2007.

化系统。① OpenNebula 集成了存储、网络、虚拟化、监测和安全技术,可以根据分配策略,以虚拟机的形式在结合了数据中心资源和远程云资源的分布式基础设施上部署多层次服务。

OpenNebula 内部架构如图 3-6 所示,其可以分为三层:工具层、核心层和驱动层。②

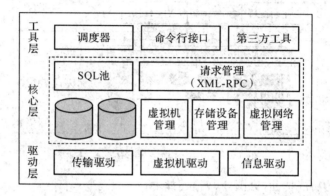

图 3-6　OpenNebula 内部架构

工具层:该层包含了 OpenNebula 的一些实用工具,如调度器、命令行接口,以及一些使用 XML-RPC 接口的第三方工具。③

核心层:核心层由一系列用于控制和监测虚拟机、虚拟网络、存储设备及主机的组件组成。核心层通过调用相应的驱动实现对虚拟机、虚拟网络和存储设备的管理。

驱动层:驱动层负责和特定的中间件(如虚拟化管理程序、文件传输机制和信息服务等)进行直接交互。该层的设计主要是为了将不同的虚拟化、存储与监测技术和云服务植入核心层。

① Lin C, Lu S, Lai Z, et al. Service-oriented architecture for VIEW: A visual scientific workflow management system. Honolulu: IEEE 2008 International Conference on Services Computing, 2008.

② Foster I, Zhao Y, Raicu I, et al. Cloud computing and grid computing 360-degree compared. Austin: Grid Computing Environments Workshop, 2008.

③ Nurmi D, Wolski R, Grzegorczyk C, et al. The Eucalyptus open-source cloud-computing system. Shanghai: Cluster Computing and the Grid, 2009.

第二节　虚拟化技术

虚拟化是云计算所有要素中最基本的,也是最核心的组成部分。和最近几年才出现的云计算不同,虚拟化技术的发展其实已经走过了半个多世纪。虚拟化的起源,可以追溯到 1959 年 6 月,Christopher Strachey 在"Time Sharing in Large Fast Computers"(《大型高速计算机分时应用》)一文中,首次提到了"virtualization"(虚拟化)一词。这被认为是关于虚拟化技术的最早论述。虚拟化技术中最核心的三项技术分别是计算虚拟化、存储虚拟化和网络虚拟化。

一、计算虚拟化

计算虚拟化又称平台虚拟化或服务器虚拟化。它的核心思想是使在一台物理计算机上同时运行多个操作系统成为可能。在虚拟化世界中,我们通常把提供虚拟化能力的物理计算机称为宿主机(Host Machine);而把在虚拟化环境中运行的计算机称为客户机(Guest Machine)。① 宿主机和客户机虽然运行在同样的硬件上,但是它们在逻辑上却是完全隔离的。

Hypervisor,这个在虚拟化技术中常见的词,意为虚拟机管理程序,指的是在宿主机上提供虚拟机创建和管理的软件或固件。Robert P. Goldberg 将 Hypervisor 归纳为两个类型:原生的 Hypervisor 和托管的 Hypervisor。前者直接运行在硬件上去管理硬件和虚拟机。常见的原生 Hypervisor 有 XenServer、KVM、VMware ESX/ESXi 和微软的 Hyper-V。后者则运行在常规的操作系统上,作为第二层的管理软件存在,相对硬件来说,客户机在第三层运行。常见的托管 Hypervisor 有 VMware Workstation 和 VirtualBox。

(一)中央处理器(CPU)的虚拟化

CPU(Central Processing Unit,中央处理器)虚拟化的核心是 x86 指令集的虚拟化。

---

① Understanding Full Virtualization, Paravirtualization, Hardware Assist.(2007-11-16)[2016-07-02]. http://virtualization.info/en/news/2007/11/whitepaper-understanding-full.html.

为了在单台主机上安全地运行一个或多个虚拟机(Virtual Machine, VM), Hypervisor 必须将 VM 隔离,使得它们之间或者与虚拟机管理程序内核(Hypervisor Kernel)之间不会互相干扰。特别要注意的是,必须预防因 VM 直接执行而影响物理机状态的特权指令,为此需要截获此类指令后再做仿真,使得指令最终仅作用于 VM 硬件,而不是物理硬件(见图 3-7)。例如,在 VM 中发起 Reboot 命令不应该导致整个物理主机重启。另外,与 I/O 操作相关的指令通常也是不能由 CPU 直接执行的。全虚拟化的核心挑战就是对特权指令的拦截和模拟执行。[①] 对于用户态的指令(Ring 3)(如数学计算)来说, Hypervisor 并不需要干预,让 CPU 直接执行(Direct Execution, DE)即可。而对特权指令(Ring 0)来说,一个重要的原则就是必须保证其作用仅限于发起操作的虚拟机内部,既不能让它改变其他虚拟机的状态,也不允许它直接访问 Hypervisor。

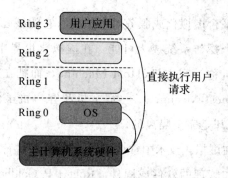

图 3-7 特权指令工作模式:指令仅作用于 VM 硬件

下面我们将详细介绍三种主流的拦截和模拟方式。

1. 二进制翻译的虚拟化

以威睿(VMware)为例,一种称为二进制翻译(Binary Translation, BT)的技术被用来对那些不能直接执行的特权指令进行动态翻译,即用一个新的普通指令集合来实现相同的目的,如图 3-8 所示。采用了 BT 技术的 VMware 虚拟化平台,给用户最终的感觉就是它支持了全虚拟化,虚拟机的操作系统完全不需任何

---

① Nurmi D, Wolski R, Grzegorczyk C, et al. The Eucalyptus open-source cloud-computing system. Shanghai: Cluster Computing and the Grid, 2009.

修改就可以运行。在没有硬件虚拟化支持的情况下,BT 是实现全虚拟化的唯一可行之道。使用 BT 运行 VM 的指令流时,VM 指令在执行之前必须经过翻译。更准确地讲,当 VM 第一次准备执行一系列代码时,代码必须发送给 Just-in-time BT。这一点很像 Java 虚拟机在线将 Java Bytecode 翻译成本地指令。Hypervisor 中的翻译器会将无法直接执行的 x86 指令集翻译到一组能够被安全执行的指令子集中。特别是 BT 会将特权指令替换为在 VM 中执行而非在物理机上执行的指令序列,这种翻译加强了对 VM 进行封装的功能的同时,也从 VM 的角度保留了 x86 语义。① Hypervisor 通过缓存指令第一次执行的结果来降低翻译开销。

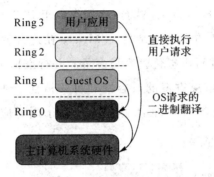

图 3-8　特权指令工作模式:二进制翻译虚拟化

基于 BT 的 Hypervisor 必须在 VM 的内存空间和 Hypervisor 的内存空间之间强制设置一个严格的边界,VMware 的解决方案是通过分段(Segmentation)来强制设置这个边界。分段是 x86 CPU 的硬件功能,一个段(Segment)是一串连续的内存空间,由一个基地址(开始地址)和一个限制范围(Segment 长度)来标识。当 x86 指令要访问内存时,分段硬件会依照分段限制检查内存地址,如果在限制之内,就加上基地址并允许访问;如果地址超出了限制范围,内存访问就会被终止,处理器会发起一个保护错误。因为大部分现代操作系统很少使用分段,Hypervisor 使用分段来强制设置 VM 和 VMM(Virtual Machine Monitor,虚拟机监控器)之间的边界就成为可能。

---

① x86 虚拟化的软硬件技术——内存篇. (2012-09-19)[2016-07-12]. https://community.emc. com/docs/DOC-18777.

2.并行虚拟化

并行虚拟化(Para-virtualization)其实并不能算是一种全虚拟化方案,因为虚拟机内操作系统的内核必须通过修改才能运行在虚拟机中。并行虚拟化的原理如图 3-9 所示。这一方案的典型代表就是美国思杰公司(Citrix)的 XEN 虚拟化平台,虚拟机中运行的操作系统多为 Linux(无法支持 Windows)。并行虚拟化向 Guest OS 提供了一个类似但不完全相同的硬件接口。修改接口和内核的目的有二:一是让特权指令能够执行,二是可以对性能进行优化。并行虚拟化需要对 Guest OS 的内核进行修改,原则是将所有无法直接执行的特权指令替换为 Hypercall,然后转交给 Hypervisor 执行(作用类似于 BT)。相对于实现一个成熟的二进制翻译器所具备的高度复杂性(VMware 在这方面下了很多功夫),修改 Guest OS 内核来支持并行虚拟化就容易多了。并行虚拟化的价值在于较低的虚拟化代价,然而牺牲了解决方案的兼容性和可移植性。并行虚拟化相对于全虚拟化的性能优势也不是绝对的,很大程度上依赖于用户应用本身的特性和执行方式。

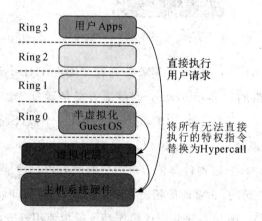

图 3-9　特权指令执行模式:并行虚拟化

此外,由于并行虚拟化也支持 CPU 以外的硬件(例如内存管理、中断管理),很多现代的 Hypervisor 也用它来优化设备的性能。这种使用方式并不涉及 CPU 的虚拟化,因而也不需要对内核进行任何修改。以 VMware 为例,ESX 利用并行虚拟化来突破系统中的一些性能瓶颈,其主要应用在 VMware 工具以及一些虚拟设备驱动中。[①] 例如,VMware 工具为 Hypervisor 提供了一个后门,可以用来做时钟同步以及从外部触发 Guest OS 的软关机操作等。设备虚拟化的一个典型例子就是 MXNet 网卡,用以提高网络的吞吐率以及降低 CPU 的占用率。

3.硬件辅助的虚拟化

由于软件翻译的全虚拟化在性能方面不尽如人意,人们对处理器硬件支持的期望越来越高。CPU 供应商从 2005 年开始逐步加入了对虚拟化的硬件支持,例如英特尔(Intel)公司的 VT-x 和 AMD 的 AMD-V。这些扩展为 Hypervisor 提供了额外的支持,解决了 x86 虚拟化中困难和低效的部分。这样一来,虚拟化可以有更加简单的实现方案,同时又拥有更好的性能。目前大多数现代虚拟化平台都已经提供了对 VT-x/AMD-V 的支持。硬件辅助虚拟化的原理如图 3-10 所示。

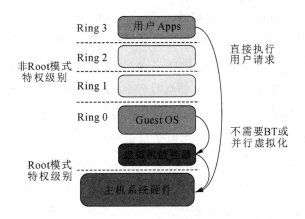

图 3-10 特权指令执行模式:硬件辅助虚拟化

硬件辅助的虚拟化引入了一个新的 CPU 执行模式,允许 VMM 运行在新的 Root 模式下,而原有的 Ring 0 至 Ring 3 则运行于非 Root 模式下。特权指令和敏感的调用都会自动被 Hypervisor 捕获[②],从而不再需要 BT 或并行虚拟化。而虚拟机的状态

---

① Lin C,Lu S,Fei X,et al. A reference architecture for scientific workflow management systems and the VIEW SOA Solution. Washington D C:IEEE Transactions on Services Computing, 2009.

② Raicu I,Zhao Y,Dumitrescu C,et al. Falkon:A fast and light-weight task execution framework. Reno:IEEE/ACM Super Computing,2007.

则被存储在 VT-x 或 Virtual AMD-V 中。VT-x 和 AMD-V 都允许将 CPU 交给 VM 直接执行(这个动作称为 VM-entry),直到 VM 尝试执行特权指令时,VM 执行才会被暂停,再把 CPU 交还给 VMM(这个动作称为 VM-exit)。VMM 检查 VM 发起的指令及硬件提供的其他信息来响应此次退出。收集完相关信息,VMM 根据 VM 状态仿真 VM 指令,然后恢复执行 VM,进入另一个 VM-entry。[①]

(二)内存(Memory)的虚拟化

现代操作系统在内存的管理中,采用了一个称为"页表"的数据结构来存储逻辑页号(Logical Page Number,LPN)与物理页号(Physical Page Number,PPN)之间的映射关系。当应用程序访问逻辑页时,系统通过查找页表来获取实际的物理页号。同时为了加快页表的查找速度,CPU 提供了一个由硬件内存管理单元(Memory Management Unit,MMU)实现的,称为"快表"(Translation Lookaside Buffer,TLB)的数据结构,用来缓存最近使用的映射。但虚拟化带来了一个问题:虚拟机的 PPN 并非最终的物理内存页号。对 Hypervisor 来说,还需要一个额外的机制来实现从 PPN 到机器页号(Machine Page Number,MPN)的映射。

在硬件支持出现之前,Hypervisor 通常使用影子页表(Shadow Paging)的机制来实现 MMU 的虚拟化。图 3-11 为影子页表的原理。Hypervisor 用内存中的一个数据结构来存储 PPN 到 MPN 的映射,而将 LPN 到 MPN 的直接映射放到影子页表中。影子页表中最近访问的映射放在硬件 TLB 中,能够充分利用硬件加速的能力。但是,影子页表在其他情况下会带来额外的开销,因为我们必须时刻保持虚拟机内页表和影子页表的同步(带来了额外的计算开销)。当虚拟机更新主页表时,VMM 必须拦截该事件并更新相应的影子页表。这会降低映射操作及在虚拟机中创建进程的速度。另外,当虚拟机第一次访问某一块内存时,映射该内存的影子页表条目必须按需创建,以降低首次访问内存的速度。而当虚拟机内发生进程切换时,也必须有 VMM 干预,将物理 MMU 切换到新进程的根影子页表。对虚拟机内应用程序需要频繁更新页表的情况,影子页表的性能尤其糟糕。同时,影子页表自身也会带来额外的内存消耗。

---

① Performance evaluation of Intel EPT hardware assist. [2016-07-05]. https://www.vmware.com/pdf/Perf_ESX_Intel-EPT-eval.pdf.

随着以 Intel 扩展页表(Extended Page Table,EPT)和 AMD 快速虚拟化索引(Rapid Virtualization Index,RVI)为代表的第二代硬件辅助虚拟化技术的出现,Hypervisor 终于摆脱了软件实现的影子页表,从而能够充分利用硬件加速功能。在有着 EPT 支持的内存虚拟化方案中,原来的 MMU 用来管理 LPN 到 PPN 的映射,而新引入的嵌套页表(Nested Page Table,NPT)则用来管理 PPN 到 MPN 的映射。存放在 TLB 中的则是最近使用的 LPN 到 MPN 的映射。NPT 通常也被称为二层地址转换(Second Level Address Translation,SLAT),同样也是由硬件实现的。这样一来,从 LPN 到 MPN 的两层映射,就可以通过两次硬件加速的查找实现。这样的组合查找避免了影子页表的同步代价及额外的内存消耗。[①] 扩展页表原理如图 3-12 所示。

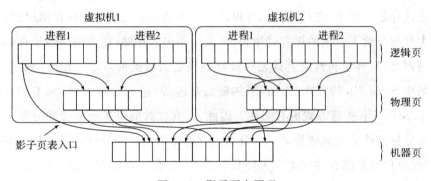

图 3-11 影子页表原理

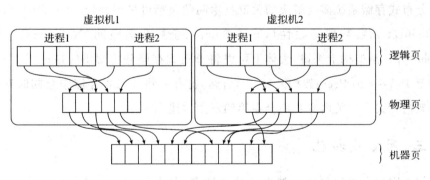

图 3-12 扩展页表原理

---

① x86 虚拟化的软硬件技术——内存篇.(2012-09-19)[2016-07-12]. https://community.emc.com/docs/DOC-18777.

二、存储虚拟化

对存储虚拟化最通俗的理解就是,对一个或者多个存储硬件资源进行抽象,提供统一的、更有效率的全面存储服务。从用户的角度来说,存储虚拟化就像一个存储的大池子,用户看不到,也不需要看到后面的磁盘、磁带,也不必关心数据是通过哪条路径存储到硬件上的。

存储虚拟化有两大分类:块虚拟化(Block Virtualization)和文件虚拟化(File Virtualization)。块虚拟化就是将不同结构的物理存储抽象成统一的逻辑存储。这种抽象和隔离可以让存储系统的管理员为终端用户提供更灵活的服务。文件虚拟化则使用户再也不需要关心文件的物理存储位置了。也就是说,在一个多节点的分布式存储环境中,文件虚拟化可以让用户不用关心文件的具体存储位置。

大数据导致了数据的爆发式增长,传统的集中式存储(比如网络附属存储或存储区域网络)在容量和性能上都无法较好地满足大数据的需求。传统的存储系统一般采用 Scale Up 的方式(比如,增加磁盘矩阵等)进行扩容,然而成本和性能等决定了 Scale Up 扩容方式的有限性。因此,具有优秀的可扩展能力的分布式存储成为大数据存储的主流架构方式。分布式存储多采用普通的硬件设备作为基础设施,因此单位容量的存储成本大大降低。另外,分布式存储在性能、维护性和容灾性等方面也具有不同程度的优势。

分布式存储系统需要解决的关键技术问题包括可扩展性(Scalability)、数据冗余(Replication)、数据一致性(Consistency)、全局命名空间(Namespace)、缓存(Cache)等。从架构上来讲,大体上可以将分布式存储分为 C/S(Client/Server)架构和 P2P(Peer-to-Peer)架构两种。[①] 当然,也有一些分布式存储中会同时存在这两种架构方式。相关内容我们会在第四章中详述。

三、网络虚拟化

如今网络虚拟化是一个越来越热的话题,各大厂商都在忙着争抢这块蛋糕。

---

① Placek M, Buyya R. A taxonomy of distributed storage systems. University of Melbourne,2007.

VMware 在 2012 年 7 月以 12.6 亿美元收购软件定义网络（Software Defined Network,SDN）技术公司 Nicira,在补全了 VMware 数据中心虚拟化业务的最后一块拼图的同时,也助推了网络虚拟化的热潮。[①] 随着虚拟化的发展和计算虚拟化的广泛应用,越来越多的复杂应用开始进入虚拟的世界。这些重量级的应用,例如通信密集型的大数据/高性能计算等,对虚拟网络提出了更高的要求。同时这些应用程序,不管是运行在虚拟化的数据中心抑或是云计算平台上,都更关心系统对服务质量（Quality of Service,QoS）控制的保证。在这样的背景下,网络在一定程度上成了新的瓶颈。来自 UBS 的一个调查报告表明,虽然 SDN 与 OpenFlow 仍然处在发展试用的阶段,但其在各大公司中却已经拥有了相当高的认可度。然而相对于其他系统模块的虚拟化,网络虚拟化（及与其密切关联的 I/O 虚拟化）仍然处在一个早期的发展阶段。

我们需要明确一个问题,什么是网络虚拟化？网络虚拟化,简单来讲,是指把逻辑网络从底层的物理网络中分离出来。这个概念的产生已经比较久了,虚拟局域网（VLAN）、虚拟专用网络（VPN）、虚拟专用局域网业务（VPLS）等都可以归为网络虚拟化的技术。近年来,云计算的浪潮席卷 IT 界,几乎所有的 IT 基础构架都在朝着云的方向发展。在云计算的发展中,虚拟化技术一直是重要的推动因素。作为基础构架,服务器和存储的虚拟化已经发展得有声有色,网络却还是一直沿用老的套路。在这种环境下,网络确实需要一次变革,使之更加符合云计算和互联网发展的需求。

在云计算的大环境下,网络虚拟化的定义没有变,但是其包含的内容却大大增加了（例如动态性、多租户模式等）。网络虚拟化涉及的技术范围相当宽泛,包括网卡的虚拟化［Emulation、I/O pass-through、SR-IOV（Single Root I/O Virtualization）］,虚拟交换技术（Virtual Switching）,网络的虚拟接入技术［VN-Tag、VEPA（Virtual Ethernet Port Aggregator）］,覆盖网络交换［VXLAN（Virtual eXtensible Local Area Network）、NVGRE（Network Virtualization via Generic Routing Encapsulation）］,以及软件定义的网络（SDN、OpenFlow）等。

---

① Cost of hard drive storage space. http://ns1758.ca/winch/winchest.html.

(一)网卡虚拟化

多个虚拟机共享服务器中的物理网卡,需要一种机制既能保证 I/O 的效率,又能保证多个虚拟机能共享使用物理网卡。I/O 虚拟化的出现就是为了解决这类问题。I/O 虚拟化包括了从 CPU 到设备的一揽子解决方案。

从 CPU 的角度看,要解决虚拟机访问物理网卡等 I/O 设备的性能问题,能做的就是直接支持虚拟机内存到物理网卡的直接存储器存取(Direct Memory Access,DMA)操作。Intel 的 VT-d 技术及 AMD 的 IOMMU 技术通过 DMA Remapping 机制来解决这个问题。DMA Remapping 机制主要解决了两个问题:一是其为每个 VM 创建了一个 DMA 保护域并实现了安全的隔离;二是其提供了一种机制,将虚拟机的物理地址(Guest Physical Address,GPA)翻译为物理机的物理地址(Host Physical Address,HPA)。

从虚拟机对网卡等设备访问的角度看,传统虚拟化的方案是虚拟机通过 Hypervisor 共享来访问一个物理网卡,Hypervisor 需要处理多虚拟机对设备的并发访问和隔离等。具体的实现方式是通过软件模拟多个虚拟网卡(完全独立于物理网卡),所有的操作都在 CPU 与内存中进行。这样的方案满足了多租户模式的需求,但是牺牲了整体的性能,因为 Hypervisor 很容易形成一个性能瓶颈。为了提高性能,一种做法是虚拟机绕过 Hypervisor 直接操作物理网卡,这种做法通常称为 PCI passthrough,VMware、XEN 和 KVM 都支持这种技术。但这种做法的问题是虚拟机通常需要独占一个 PCI 插槽,这不是一个完整的解决方案,成本较高且扩展性不足。

目前最新的解决方案是物理设备(如网卡)直接为上层操作系统或 Hypervisor 提供虚拟化的功能,一个以太网卡可以为上层软件提供多个独立的虚拟的 PCI-E 设备并提供虚拟通道来实现并发访问。这些虚拟设备拥有各自独立的总线地址,从而可以为虚拟机 I/O 的 DMA 提供支持。这样一来,CPU 得以从繁重的 I/O 中解放出来,能够更加专注于核心的计算任务(例如大数据分析)。这种方法是业界主流的做法和发展方向,目前已经形成了标准,主要包括 SR-IOV(见图 3-13)和 MR-IOV。业界的主流厂商已推出多款支持 SR-IOV 的网卡产品(例如 Cisco Palo 和 Intel 10 GbE 网卡);同时大多数的虚拟化平台(如 VMware)也对 SR-IOV 提供了相应的支持。

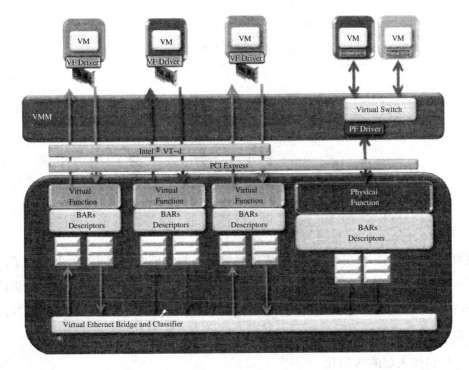

图 3-13　SR-IOV 结构

(二)虚拟交换机(Virtual Switch)

在虚拟化的早期阶段,由于物理网卡并不具备为多个虚拟机服务的能力,为了将同一物理机上的多台虚拟机接入网络,引入了虚拟交换机(Virtual Switch,vSwitch)的概念,通常也被称为软件交换机,以此区别于硬件实现的网络交换机。虚拟机通过虚拟网卡接入虚拟交换机,然后通过物理网卡外连到外部交换机,从而实现外部网络接入。VMware vSwitch(见图 3-14)和 Open vSwitch,以及 Cisco Nexus 1000V 的技术都属于这一类。

这样的解决方案也带来了一系列的问题。因为所有的网络交换都必须通过软件模拟,首先要解决的就是性能问题。美国杂志《信息周刊》(*Information Week*)的研究表明:一个接入 10～15 台虚拟机的软件交换机,通常需要消耗 10%～15%的主机计算能力;随着虚拟机数量的增多,性能问题无疑将更加严重。其次,由于

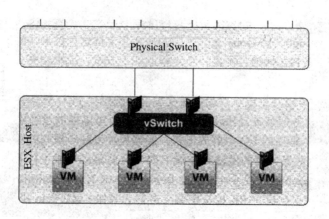

图 3-14 VMware vSwitch 结构

虚拟交换机工作在二层,无形中也使得二层子网的规模变得更大。[①] 更大的子网意味着更大的广播域,对性能和管理来说都是不小的挑战。最后,由于越来越多的网络数据交换在虚拟交换机内进行,传统的网络监控和安全管理工具无法对其进行管理,管理和安全的复杂性大大增加了。

(三)接入层的虚拟化

在传统的服务器虚拟化方案中,从虚拟机的虚拟网卡发出的数据包在经过服务器的物理网卡传送到外部网络的上联交换机后,虚拟机的标识信息被屏蔽掉了,上联交换机只能感知从某个服务器的物理网卡流出的所有流量,而无法感知服务器内某个虚拟机的流量,这样就不能从传统网络设备层面来保证服务质量和安全隔离。虚拟接入要解决的问题是把虚拟机的网络流量纳入传统网络交换设备的管理之中,需要对虚拟机的流量做标识。在解决虚拟接入的问题时,思科(Cisco)和惠普(HP)分别提出了自己的解决方案,思科的方案是 VN-Tag,惠普的方案是 VEPA。为了掌握下一代网络接入的话语权,思科和惠普这两个巨头在各自的方案上都毫不让步,纷纷将自己的方案提交为标准,分别为 802.1Qbh(Bridge Port Extension)和 802.1Qbg(Edge Virtual Bridging)。

① DeCandia G, Hastorun D, Jampani M, et al. Dynamo: Amazon's highly available Key-Value store. Washington D C: Proceedings of 21st ACM SIGOPS Symposium on Operating Systems Principles, 2007.

VN-Tag 在标准的以太网帧头之后插入一个 VN-Tag 头,其中最重要的内容包括源和目标虚拟网卡的 VIF ID(VIF 为虚拟接口),从而使支持 VN-Tag 的交换设备能够识别多个来自同一物理端口的虚拟网络设备。[①] 对于支持 VN-Tag 的交换机来说,VIF 等同于一个物理接口,是网络管理和数据包转发的最小单元。这样一来,对虚拟网络与物理网络可以进行统一管理,原有的网络管理工具也仍然可以工作。目前存在的问题是,需要交换设备的支持才能充分发挥 VN-Tag 的优势。然而,由于插入 VN-Tag 的数据帧是完全兼容的以太网帧,所以,普通的交换机仍然可以正常处理 VN-Tag 帧。VN-Tag 帧结构如图 3-15 所示。

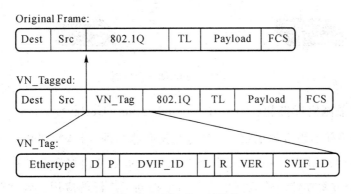

图 3-15　VN-Tag 帧结构

VEPA 采用了一种不同的思路,其核心思想是重用 Q-in-Q,以及修改现有的生成树算法。图 3-16 为 Q-in-Q 的实现原理。VEPA 的优势在于它的简单性:标准模式下,虚拟化平台简单地把每个来自 VM 的数据帧转发到外部的物理交换机,而不管其目标是不是就是在同一平台下的另一个虚拟机。这样带来的问题是,如果目标是内部的另外一个虚拟机,那么数据包需要从进入的端口发回,这就违反了生成树算法的基本原则,产生了一个所谓的"发卡弯"。所以物理交换机需要修改其生成树算法来支持 VEPA。按照 VEPA 的思路,所有的数据包都必须经过物理交换机,从而实现对物理网络和虚拟网络流量的统一管理。此外,为了区分不同虚

---

① 　Weil S A, Brandt S A, Miller E L, et al. CRUSH: Controlled, scalable, decentralized placement of replicated data. Tampa: Proceedings of the 2006 ACM/IEEE Conference on Supercomputing Article,2006.

拟机的流量,VEPA 还引入了多通道模式:使用 Q-in-Q 在基本的 802.1Qbh 标记外增加一层虚拟机标识。前提是服务器网卡能够给数据帧打上 Q-in-Q 标记,上联交换机也能够处理 Q-in-Q 帧。

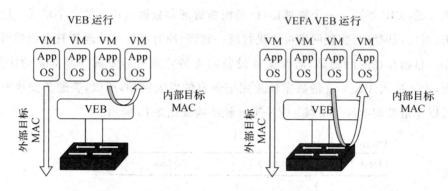

图 3-16　Q-in-Q 实现原理

(四)覆盖网络虚拟化(Network Virtualization Overlay)

虚拟网络并不是全新的概念,事实上我们熟知的 VLAN 就是一种已有的方案。VLAN 的作用是在一个大的物理二层网络里划分出多个互相隔离的虚拟二层网络,这个方案在传统的数据中心网络中得到了广泛的应用。因此就引出了虚拟网络的第一个需求:隔离(Isolation)。VLAN 虽然很好地解决了这个需求,但是由于内在缺陷,VLAN 无法满足第二个需求,即可扩展性(支持数量庞大的虚拟网络)。VLAN 使用了一个 12 位的二进制数字来标识子网,即子网的数量最多只有 4096 个。而随着云计算的兴起,一个数据中心需要支持上百万个用户,每个用户需要的子网可能不止一个。在这样的需求背景下,VLAN 已经远远不能满足使用需求,我们需要重新思考虚拟网络的设计与实现。当虚拟数据中心开始普及时,其本身的一些特性也带来新的网络需求。物理机的位置一般是相对固定的,虚拟化方案的一个很大的特性在于虚拟机可以迁移。当虚拟机的迁移发生在不同网络、不同数据中心之间时,就对网络产生了新的要求,比如需要保证虚拟机的 IP 在迁移前后不发生改变,需要保证虚拟机内运行在第二层(链路层)的应用程序在迁移后也仍可以跨越网络和数据中心进行通信等。这就引出了虚拟网络的第三个需求:支持动态迁移。

覆盖网络虚拟化就是应以上需求而生的,它可以更好地满足云计算和下一代数据中心的需求。其中代表性的解决方案有：①VMware 联合 Cisco 推出的 VXLAN (Virtual eXtensible Local Area Network)；②Microsoft 联合 Intel、HP 和 Dell(戴尔)提出的 NVGRE(Network Virtualization via Generic Routing Encapsulation)；③Nicira 主导推出的 STT(Stateless Transport Tunneling)。[①] 另外，由国际互联网工程任务组主导的 NVO3(Network Virtualization Overlay for Layer 3)工作组也在积极推进标准化的工作。

覆盖网络虚拟化为用户的虚拟化应用带来了许多好处(特别是对大规模的、分布式的数据处理)，主要包括但不仅限于以下几方面：①虚拟网络的动态创建与分配；②虚拟机的动态迁移(跨子网、跨数据中心)；③一个虚拟网络可以跨多个数据中心；④将物理网络与虚拟网络的管理分离；⑤安全(逻辑抽象与完全隔离)。

(五)软件定义网络(SDN)

OpenFlow 和 SDN 尽管不是专门为网络虚拟化而生的，但是它们的标准化和灵活性却给网络虚拟化的发展带来了无限可能。OpenFlow 起源于斯坦福大学的 Clean Slate 项目组，该项目组的目的是要重新发明因特网，旨在改变设计已略不合时宜，且难以进化发展的现有网络基础架构。2006 年，斯坦福大学的学生 MartinCasado 领导的 Ethane 项目，试图通过一个集中式的控制器，让网络管理员可以方便地定义基于网络流的安全控制策略，并将这些安全策略应用到各种网络设备中，从而实现对整个通信网络的安全控制。受此项目启发，研究人员发现，如果将传统网络设备的数据转发(Data Plane)和路由控制(Control Plane)两个功能模块相分离，通过集中式的控制器(Controller)以标准化的接口对各种网络设备进行管理和配置，那么这将为网络资源的设计、管理和使用提供更多的可能性，从而更容易推动网络的革新与发展。Nick McKeown 等人于 2008 年在 SIGCOMM ACM 上发表了题为"OpenFlow：Enabling Innovation in Campus Networks"的论文，首次详细地介绍了 OpenFlow 的概念。

自 2010 年年初发布第一个版本(v1.0)以来，OpenFlow 规范已经经历了 v1.1、v1.2、v1.3、v1.4、v1.5 等版本。2012 年 OpenFlow 管理和配置协议发布了

---

① Brewer E A. Towards robust distributed systems. Portland：Proceedings of the 19th Annual ACM Symposium on Principles of Distributed Computing，2000.

第一个版本(OF-CONFIG v1.0)。

OpenFlow 可能的应用场景包括:①校园网络中对实验性通信协议的支持;②网络管理和访问控制;③网络隔离和 VLAN;④基于 Wi-Fi 的移动网络;⑤非 IP 网络;⑥基于网络包的处理。当然,目前关于 OpenFlow 的研究已经远远超出了这些领域。

基于 OpenFlow 为网络带来的可编程的特性,Nick Mckeown 和他的团队进一步提出了 SDN 的概念(目前 SDN 国内多直译为"软件定义网络")。其实,SDN 的概念最早是由 Kate Greene 于 2009 年在 Technology Review 网站上评选年度十大前沿技术时提出的。如果将网络中所有的网络设备都视为被管理的资源,那么参考操作系统的原理,可以抽象出一个网络操作系统(Network Operation System)的概念,这个网络操作系统一方面抽象了底层网络设备的具体细节,另一方面为上层应用提供了统一的管理视图和编程接口。这样,基于网络操作系统这个平台,用户可以开发各种应用程序,通过软件来定义逻辑上的网络拓扑,以满足对网络资源的不同需求,而无须关心底层网络的物理拓扑结构。SDN 的意义并不仅限于将控制与数据职责分离,更重要的是 SDN 提供了一种反馈机制,使得(逻辑)网络拓扑能够动态地变化,网络资源能动态地分配。而且 SDN 还提供了一些全新的特性——可编程性,可以用来支持更高级的管理特性,例如安全和性能优化。OpenFlow 作为 SDN 的一种示例性实现,已经拥有广泛的知名度和越来越高的被接受程度,正在被部署到更多的数据中心中。而 SDN 作为一种思想(或者方法学),其远景并不仅限于 OpenFlow 目前的能力。例如在大数据处理中,当数据传输出现高负载的时候,SDN 就可以监控整个网络的情况,动态改变网络拓扑与数据路径,从而提高网络资源的利用率。此外,通过 SDN 控制器也可以发现网络中的热点与瓶颈,为数据中心的横向扩展提供参考。

(六)对大数据处理的意义

相对于普通的应用,大数据的分析与处理对网络有着更高的要求。要求涵盖了从带宽到延时,从吞吐率到负载均衡,以及可靠性、服务质量控制等的方方面面。同时,随着越来越多的大数据应用被部署到云计算平台中,人们对虚拟网络的管理需求越来越高。首先,网络接入设备虚拟化的发展在保证了多租户服务模式的同时,还能兼顾高性能与低延时、低 CPU 占用率。其次,接入层的虚拟化保证了虚拟机在整个网络中的可见性,使得基于虚拟机粒度(或大数据应用粒度)的服务质量控制成为可能。覆盖网络的虚拟化,一方面使得大数据应用能够得到有效的网络隔离,更好地保证了数据通信的安全;另一方面也使得应用的动态迁移更加便捷,保证了应用的性能和可靠性。软件定义的网络更是从全局的视角重新规划了网络资源,使得整体的网络资源利用率得到优化。总而言之,网络虚拟化技术通过对性能、可靠性和资源优化利用的改进,间接提高了大数据系统的可靠性和运行效率。

第三节　数据采集

足够多的数据是企业大数据战略建设的基础,因此数据采集就成为大数据分析的前提。数据采集是大数据价值挖掘中重要的一环,其后的分析挖掘都建立在数据采集的基础上。大数据技术的意义不在于掌握规模庞大的数据信息,而在于对这些数据进行智能处理,从中分析和挖掘出有价值的信息,但其前提仍然是拥有大量的数据。绝大多数企业现在还很难判断到底哪些数据未来将成为资产以及通过什么方式能将数据提炼为现实收入。对于这一点,即便是大数据服务企业也很难给出确定的答案。但有一点是肯定的,大数据时代,谁掌握了足够的数据,谁就有可能掌握未来,现在采集的数据就是将来的资产。

对于大型分布式系统来说,每个组成部分都可能产生数据或者参与数据的转发,所以分析数据在其中的流动路径及其形成的数据通道是非常有意义的。本节将讨论几种形成一定传播模式的数据通道,其中既包含如何收集汇总分散在各处的原始数据(由分散到集中),也包含如何将数据源的数据变化及时通知到对此数据有消费需求的各个子系统(由集中到分散);另外,还会简单介绍不同类型存储系统之间的数据迁移。

一、Log 数据收集

对于大型互联网企业来说,为了能向用户提供高效服务,其后台系统可能由数千台服务器构成;服务器上部署了各种服务程序,每个服务程序会在运行时记载 Log 信息,比如用户的点击记录等。对这些 Log 信息进行有效挖掘对于改进互联网企业产品有积极意义。快速有效地将散落在各个服务器的 Log 信息及时汇总起来进行进一步分析,已成为网站运维中必不可少的工作步骤。为了能够实现这一点,很多互联网企业专门开发了 Log 数据收集系统,其作用是通过应用相关服务,快速便捷地将 Log 信息收集汇总到 OLAP(On-Line Analytical Processing,联机分析处理)数据库中进行进一步分析。

Log 数据收集系统的设计关注点如下。

(1)低延迟。希望尽可能快地完成从 Log 数据产生到能够对其进行分析的数据收集过程。当然,由于 Log 数据的特性,并不要求 Log 数据收集像流式系统那样具有即时性,Log 数据收集延时从秒级到分级,甚至小时级都是可以被接受的。

(2)可扩展性。Log 数据收集的过程中,待收集的数据具有广泛分布性,这使得 Log 数据收集系统在可扩展性方面需要满足一定要求。动态增减服务器及相关服务对于互联网运维来说是常态,因此 Log 数据收集系统应该易扩展、易部署。

(3)容错性。Log 数据收集涉及大量服务器,这意味着机器故障随时有可能发生。在此约束条件下,保证 Log 数据收集系统的容错性,应该收集的数据不丢失就是一个必要的要求。

本部分以 Chukwa 和 Scribe 这两个典型的 Log 数据收集系统为例来讲解该类系统的架构设计思路,除此之外,类似的系统还有 Flume。

(一)Chukwa

Chukwa 是针对大规模分布式系统进行 Log 数据收集与分析的 Apache 开源项目,其建立在 Hadoop 的基础之上。首先,我们需要了解:使用 MR 任务直接来收集 Log 数据是不合适的,因为单机 Log 数据具有量小且渐增的特性,MR 更适合处理大文件数据块。Chukwa 的基本策略是首先收集大量单机的 Log 增量文件,将其汇总后形成大文件,之后再利用 MR 任务来对其进行加工处理。[1] Chukwa 与其他类似系统不同的地方在于,Chukwa 不仅仅定位于数据收集,也在后端集成数据分析和可视化界面。

图 3-17 是 Chukwa 的整体架构。每个机器节点都部署了 Chukwa 代理程序(Agent),其负责收集应用产生的 Log 数据并通过 HTTP 协议传给 Chukwa 收集器(Collector)。一般一个收集器负责收集由数百个代理程序传来的数据,如果代

---

[1] About Apache Chukwa. [2016-07-12]. http://chukwa.apache.org/.

理程序对应的收集器发生故障,代理程序可以检查收集器列表并从中选择另外一个收集器来发送数据,这样便可实现一定程度的容错。收集器负责将汇总的数据写入 HDFS 文件中,这些文件被称为 DataSink 文件。DataSink 文件保存的是最原始的 Log 信息,当其大小达到一定程度时,收集器会关闭将 Log 数据写入该文件的功能,随后产生的新数据将被写入新生成的 DataSink 文件中。Archive Builder进一步合并 DataSink 文件并做些排序以及去重的工作。Demux 是 MR 程序,负责对原始 Log 数据进行解析抽取,将原始无结构记录转换为结构化或者半结构化的数据。对于结构化的 Log 数据,既可以直接展现给用户,也可以利用 MR 程序对其进行进一步分析,还可以通过 MDL(Memory Descriptor Lists,内存描述符列表)构件将其导入关系数据库后使用 SQL 语句进行查询。①

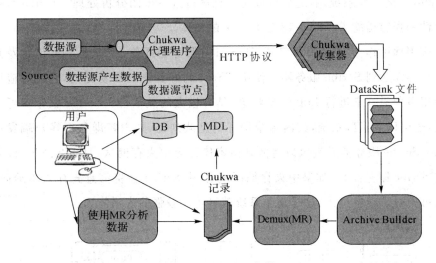

图 3-17　Chukwa 架构

　　Chukwa 的整体效率不太高,其主要瓶颈在于 Demux,整个数据流动到此后吞吐量急剧下降。这主要是由 MR 任务的启动开销及对中间数据和结果数据的多次磁盘读/写造成的。Chukwa 的创立者希望对 Hadoop 的改进能够在一定程度上解决此问题,但很明显,这过于乐观了,因为 MR 任务本身的特性决定了 Chukwa 不太适合被应用于有一定时效性要求的应用场景中。另外,创立者设计 Chukwa 时

---

①　About Apache Chukwa. [2016-07-12]. http://chukwa. apache. org/.

希望使其集成数据收集和数据分析功能,这让其设计思路不够单一和明确。因为数据收集和数据分析这两种任务各自的优化目标大不相同,甚至有些矛盾。[①] 与其如此,不如将其专一定位在数据收集领域,做好自己擅长的事情,因为数据分析领域里有更多更专业的 OLAP 系统,比如 Hive、Impala 等。从这里可以看出,Chukwa 因其定位不够清晰造成整个系统无特色、无明显优势,与其他类似系统相比,其发展前景堪忧。

(二)Scribe

Scribe 是 Facebook 开源的分布式日志收集系统,其可以从集群中的机器节点收集汇总 Log 信息并将其送达中央数据存储区〔HDFS 或者 NFS(Network File System,网络文件系统)〕,之后可以对信息进行进一步的分析处理。Scribe 具备高扩展性和强容错能力。图 3-18 是 Scribe 的整体架构。[②]

应用程序作为 Thrift 客户端,和 Scribe 服务器通信,将本地 Log 信息及其他信息分类发送到 Scribe 服务器。使用 Thrift 的好处是显而易见的,它允许应用程序使用多种语言来进行 Log 信息收集,具有较大的灵活性。Scribe 服务器可以是单机,也可以是集群系统,其内部维护了消息队列,队列内容即各个客户端发送的信息。Scribe 服务器后端可以将队列内容传达至中央存储区(HDFS、NFS 或者另外的 Scribe 服务器)。如果中央存储区不可用,Scribe 会将信息先存入本地磁盘,待其可用时再转发过去,这样整个系统就具备了较强的容错能力。

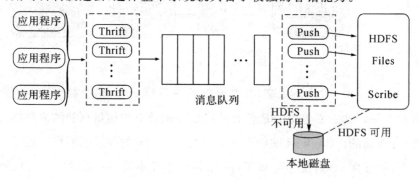

图 3-18　Scribe 的整体架构

①　Boulon J. Chukwa:A system for reliable large-scale log collection. Tech Report,2010.

②　董西成. Scribe 日志收集系统介绍. http://dongxicheng. org/search-engine/scribe-intro/.

二、数据总线

对于互联网企业来说,传统的网站整体架构往往采取 LAMP(Linux＋Apache ＋MySQL＋PHP)网站架构。LAMP 网站架构是目前比较流行的 Web 框架,该框架包括 Linux 操作系统、Apache 网络服务器、MySQL 数据库、Perl 或 PHP 或 Python 编程语言,所有组成产品均是开源软件,是一种被广泛采用的成熟架构框架。关系型数据库作为可信的数据存储场所仍然在发挥极大的作用,甚至对于很多巨型互联网企业来说,仍要部署 Oracle 数据库来存储更多的数据和获得更强的数据处理能力。另外,对于互联网企业来说,很多具体应用从功能上需要近乎实时地捕获数据的变化,比如实时搜索和实时推荐系统,需要能够尽可能快地从数据库获知数据的变化情况并尽快体现到应用数据中,此场景正需要数据总线发挥作用。

数据总线的作用就是能够形成数据变化通知通道,当集中存储的数据源(往往是关系型数据库)的数据发生变化时,通过数据总线能尽快通知对数据变化敏感的相关应用或者系统构件,使得它们能尽快捕获这种数据变化。LinkedIn 的 Databus 数据总线系统(见图 3-19)中,所有数据更新首先体现到 Oracle 数据库中,通过 Databus 可以将数据变化近实时(Near-Real-Time)地通知搜索系统、关系图系统以及缓存副本等。[①]

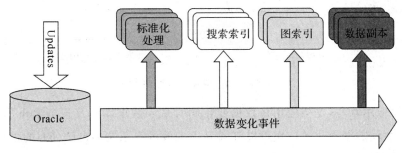

图 3-19　LinkedIn 的 Databus 数据总线

---

① Das S,Botev C,Surlaker K,et al. All aboard the Databus:Linkedin's scalable consistent change data capture platform. ACM Symposium on Cloud Computing,2012.

一般而言,设计数据总线系统时要关注以下三个特性。

(1)近实时性。因为很多应用希望能尽可能快地捕获数据变化,所以这种变化通知机制越快越好。

(2)数据回溯能力。有时订阅数据变化的应用会发生故障,导致某一时间段内的数据没有接收成功,此时希望数据总线能够支持数据回溯能力,即应用可以重新获取指定时刻的历史数据变化情况。很明显,支持回溯能力的数据总线可以满足数据的"至少送达一次"(At-Least-Once)语义。

(3)主题订阅能力。因为对于特定的应用来说,其关心的数据是有限的,将所有数据变化都推送给应用既无必要又浪费系统资源,所以数据总线最好能够支持应用灵活地订阅其关心的数据的变化情况。

如何让数据总线系统满足这些要求?现实中有两种不同的实现思路(见图3-20):应用双写(Dual Write)和数据库日志挖掘。

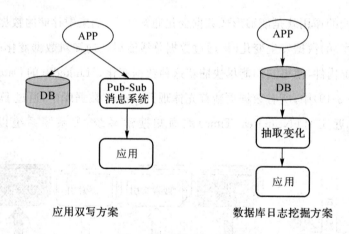

应用双写方案　　　　　　　数据库日志挖掘方案

图 3-20　两种实现思路

所谓应用双写,是指应用将数据变化同时写入数据库以及某个 Pub-Sub 消息系统中,关注数据变化的应用可以订阅 Pub-Sub 消息系统中自己关心的主题,以此来获得数据通知。① 这种思路的好处是简捷,但是存在潜在数据不一致的问题,如果在将数据写入数据库和消息系统过程中没有特定一致性协议,很可能数据库和

① Das S,Botev C,Surlaker K,et al. All aboard the Databus:Linkedin's scalable consistent change data capture platform. ACM Symposium on Cloud Computing,2012.

消息系统中的数据会不一致。数据库日志挖掘的思路是：应用先将数据变更写入数据库，数据总线从数据库的日志中挖掘出数据变化信息，然后通知关心数据变化的各类应用。这样做可以保证数据的一致性，但是实现起来相对复杂，因为需要解析 Oracle 或者 MySQL 的日志格式，而且在数据库版本升级后也许原有的格式作废，需要数据总线也跟着升级。

应用双写在实际中可以用在对数据一致性要求不高的场景，目前比较常见的做法还是数据库日志挖掘。下面我们分述 LinkedIn 的 Databus 和 Facebook 的 Wormhole 数据总线，两者都是以数据库日志挖掘的思路来实现的。

（一）Databus

Databus 的整体架构如图 3-21 所示。为了提高数据通知速度，Databus 采用了内存数据中继器（Relay），中继器本质上是个环状的内存缓冲区，之所以设计成环状，是因为内存大小有限，只能保存一定量的更新数据，所以当更新数据量超出缓冲区大小时，相对旧的数据就会被新数据覆盖。

当数据库数据发生变化的时候，中继器从数据库日志中拉取（Pull）最近提交的事务，并将数据格式转换为较为高效简洁的形式（比如 Avro），然后将更新数据存入环状内存缓冲区。客户端侦听中继器数据变化，并将最新的更新数据拉取到本地。这里之所以采取拉取而非推送（Push）的方式，是因为考虑到不同客户端处理数据时延时长短不一，拉取的方式更具灵活性，可由客户端自主控制，如果采取推送方式，可能会因客户端处理不过来中继器的数据流而造成数据积压。

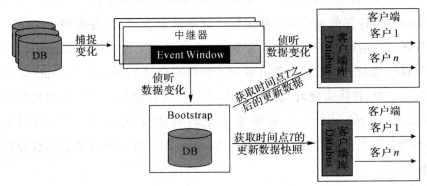

图 3-21　Databus 整体架构

95

正因客户端处理数据有快有慢，而中继器能够保留的数据相对有限，所以有时客户端会发现所需数据已经被最新的数据覆盖掉，这就是引入 Bootstrap 的原因。可以将 Bootstrap 理解为更新数据的长期存储地，而将中继器理解为短期的数据存储地。

一般在两种情形下客户端会向 Bootstrap 发出数据请求，一种情况是客户端处理慢，发现所需数据已经在中继器中被覆盖掉；另外一种情况是有新加入系统的新客户端。对于第一种情况，客户端可以向 Bootstrap 发出请求，要求获取时间点 T 之后的更新数据，当客户端逐渐追上中继器数据的更新速度后，再次改为从中继器处获取更新数据。对于第二种情况，新加入的客户端首先从 Bootstrap 处获取一份时间点 T 的更新数据快照（Snapshot），然后像第一种情况的客户端一样获取时间点 T 之后的增量更新数据，当客户端逐渐追上中继器的数据更新速度时，可以转向中继器获取时间点 T 之后的更新数据。通过这种方式，新客户端就可以获取所有更新数据并像其他客户端一样从中继器处获取随后的更新数据了。

应该说 Databus 的 Bootstrap 构件是其中最具创新性的部分，传统的数据更新捕获系统（比如 Oracle Stream）在处理落后的客户端时，往往需要利用主数据库去同步更新数据，而对于新加入的客户端，则需数据库管理员（Database Administrator，DBA）手动将主数据库的内容导入客户端程序。Databus 引入 Bootstrap 后，所有这些情况都能统一处理，更无须手工介入。

Bootstrap 在内部有两种存储数据更新的方式，一种是存储数据的增量更新，另一种是存储更新数据的快照①，其体系结构如图 3-22 所示。

Bootstrap 像其他客户端一样侦听中继器的数据变化，并采用 Log Writer 将更新数据写入增量更新存储区 Log Storage，在具体实现时使用 MySQL 数据库。Log Applier 批量地将数据更新合并进入快照存储区 Snapshot Storage，形成不同时间点的快照，具体实现时，快照是使用文件方式存储的。当新客户端发出请求时，首先从 Snapshot Storage 处读取某个时间点 T 的数据快照，然后从 Log Storage 处读取时间点 T 之后的增量更新，之后即可转向中继器去捕获最新的数据变化信息。

---

① Databus 源码.［2016-09-07］. https://github.com/linkedin/databus.

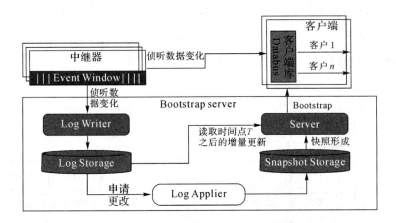

图 3-22 Databus Bootstrap 的体系结构

目前,LinkedIn 内部将 Databus 专用于数据库的变化通知,而 Kafka 则使用在应用层间的消息与数据通信,因为 Databus 是基于内存的,所以其处理延时更有效(见图 3-23)。

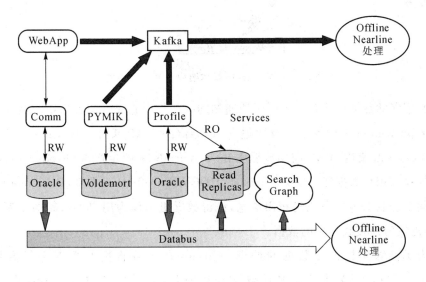

图 3-23 Databus 和 Kafka 的应用场景

(二)Wormhole

Facebook 也开发了类似于 Databus 的数据总线系统,称为 Wormhole,其将数据库数据变化信息高效地通知感兴趣的相关应用。目前 Wormhole 已经成为

Facebook 整体工程架构中的重要一环，每日通过 Wormhole 传达的数据变化消息高达 10 亿条之多。

Wormhole 的整体架构及其应用场景如图 3-24 所示。[①]

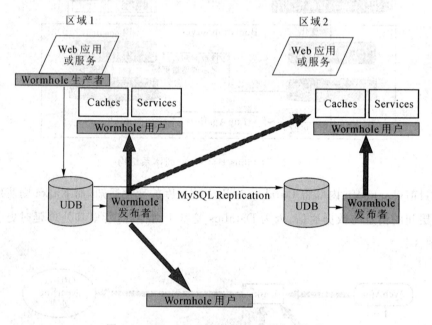

图 3-24　Wormhole 整体架构及其应用场景

数据库的数据变化可以近实时地通知同一数据中心或者跨数据中心的缓存系统、Graph Search 索引系统以及数据仓库等后台 OLAP 系统。Wormhole 整体采用了 Pub/Sub 架构，Web 应用或服务作为 Wormhole 的生产者（Producer），将变化数据写入用户数据库（User Database，UDB）；Wormhole 发布者（Publisher）从数据库的二进制 Log 文件内解析出消息，使得数据更新作为用户可订阅的主题进行发布，近实时地接收变化的数据。

为了能够支持海量数据的处理，Wormhole 支持将更新数据进行数据分片，用户可以订阅某个或者某些数据分片的数据变化。同时，Wormhole 也支持数据回溯。需要时，用户可以从 Wormhole 获取指定时间点 T 之后的更新数

① 　Wormhole pub/sub system：Moving data through space and time. （2013-06-17）［2016-07-09］. http://blog. csdn. net/macyang/article/details/9114979.

据。除此之外，Wormhole 还支持"至少送达一次"语义并保证数据分片内的送达顺序。

三、数据导入/导出

随着大数据存储与处理系统的日渐多样化，使用者面临着如何在不同的存储系统之间迁移数据的问题。最典型的两种数据存储系统之间的迁移是关系型数据库和 HDFS 之间的数据导入/导出。比如，如何将关系型数据库的内容导入 HDFS 系统中去进行 MR 计算；在 MR 任务执行完数据的抽取—转换—加载（Extract-Transform-Load，ETL）处理后，如何将计算结果从 HDFS 导入关系型数据库中。当然，这种工作可以通过手工命令或者写专用的导入/导出程序完成。但是那样会导致在每次遇到类似问题时都需要重复去做类似的工作。为了提高这类工作的处理效率，可以考虑使用专用的数据导入/导出系统，比如 Sqoop。

Sqoop 是专门在 Hadoop 和其他关系型数据库或者 NoSQL 数据库之间进行数据导入和导出的开源工具（见图 3-25）。① 在其内部实现时，具体的导入/导出工作是通过可以连接并操作数据库的 MR 任务完成的。

经过逐步发展，Sqoop 已经由 Sqoop1 发展到了 Sqoop2（见图 3-26）。相比 Sqoop1，Sqoop2 的改善主要体现在它提高了易用性、可扩展性和安全性。Sqoop1 只提供了命令行工具，而 Sqoop2 则将 Sqoop 抽离为独立的服务，并新增了 Java 数据库连接（Java DataBase Connectivity，JDBC）调用接口。同时，Sqoop1 只能以 REST（Representational State Transfer，表述性状态传递）方式连接数据库，而 Sqoop2 不仅可以支持更多连接方式，而且在封装连接器（Connector）时也更加简易便捷。② 另外，在安全性方面，Sqoop1 只支持对 Hadoop 数据的安全认证（Kerberos），而 Sqoop2 则增加了对外部数据库的认证支持。

---

① Apache Sqoop.（2012-01-12）[2016-08-14]. https://blogs. apache. org/sqoop/entry/apache_sqoop_highlights_of_sqoop.

② Apache Sqoop.（2012-01-12）[2016-08-14]. https://blogs. apache. org/sqoop/entry/apache_sqoop_highlights_of_sqoop.

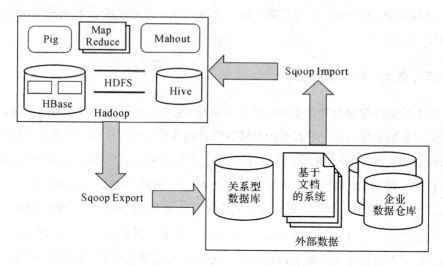

图 3-25　Sqoop 的功能

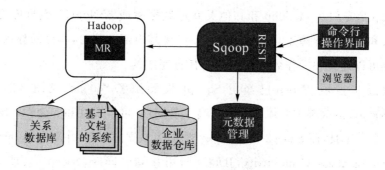

图 3-26　Sqoop2 体系结构

由上述内容可知,Sqoop 是在 Hadoop 和其他数据存储方式之间进行数据导入/导出的便捷工具,它可以极大地提高此类工作的效率。

大数据存储

大数据的信息量每年都在激增，加上已有的历史数据信息，给整个业界的数据存储、处理带来了很大的机遇与挑战。为了满足快速增长的存储需求，云存储需要具备高扩展性、高可靠性、高可用性、低成本、自动容错和去中心化等特点。常见的云存储形式可以分为分布式文件系统和分布式数据库。其中，分布式文件系统采用大规模的分布式存储节点来满足存储大量文件的需求，而分布式数据库则为大规模非结构化数据的处理和分析提供了支持。本章介绍了分布式文件系统以及分布式数据库的三种布局，分别是列式存储、文档存储和 Key-Value 存储。

第一节　分布式文件系统概述

谷歌在面临海量互联网网页的存储及分析这个难题时，早期便率先开发出了谷歌文件系统 GFS 以及基于 GFS 的 MapReduce 分布式计算分析模型。由于一部分谷歌应用程序需要处理大量的格式化以及半格式化数据，谷歌又构建了符合弱一致性要求的大规模数据库系统 BigTable，其能够对海量数据进行索引、查询和分析。谷歌的这一系列产品，开创了云计算时代大规模数据存储、查询和分析的先河，并在技术上一直保持领先地位。

由于谷歌的技术并不对外开放，因此雅虎与开源社区协同开发了 Hadoop 系统，相当于 GFS 和 MapReduce 的开源实现。其底层的 Hadoop 文件系统 HDFS 和 GFS 的设计原理是完全一致的，同时也实现了 BigTable 的开源系统 HBase 分布式数据库。Hadoop 以及 HBase 自推出以来，在全世界得到了广泛的应用，现在已经由 Apache 基金会管理，雅虎本身的搜索系统就是在上万台的 Hadoop 集群之上运行的。

一、谷歌文件系统(GFS)

谷歌文件系统(Google File System,GFS)是谷歌公司为了能够存储数以百亿计的海量网页信息而专门开发的文件系统。在谷歌的整个大数据存储与处理技术框架中,GFS是其他相关技术的基石,因为GFS提供了海量非结构化信息的存储平台,并提供了数据的冗余备份、成千台服务器的自动负载均衡以及失效服务器检测等各种完备的分布式存储功能。只有在GFS提供的基础功能之上,才能开发更加符合应用需求的存储系统和计算框架。

(一)GFS设计原则

GFS是针对谷歌公司自身业务需求而开发的,所以考虑到搜索引擎的应用环境,GFS在设计之初就定下了几个基本的设计原则。

首先,GFS采用大量商业PC来构建存储集群。因为PC是面向普通用户设计的,所以其稳定性并不能得到很好的保障,尤其是大量PC构成的集群系统,每天都有机器死机或者硬盘发生故障,这是一个常态,GFS在设计时就将这一点考虑在内了。[1] 因此,数据冗余备份、自动检测机器提供的服务、故障机器的自动恢复等都被列入GFS的设计目标里。

其次,GFS文件系统所存储的文件绝大多数都是大文件,文件大小大多数在100MB到几GB之间。所以系统的设计应该针对这种大文件的读/写操作做出优化,尽管GFS也支持小文件读/写,但是不是重点,也不会进行有针对性的操作优化。

再次,系统中存在大量的"追加写"操作,即将新增内容追加到已有文件的末尾,对已经写入的内容一般不做更改,很少出现文件的"随机写"行为,即指定已有文件中间的某个位置,在这个位置之后写入数据。

最后,对于数据读取操作来说,绝大多数读文件操作都是"顺序读",少量的操作是"随机读",即按照数据在文件中的顺序,一次顺序读入较大量的数据,而不是不断地定位到文件指定的位置,读取少量数据。

---

① Huang C,Simitci H,Xu Y,et al. Erasure coding in Windows Azure Storage. Boston:Proceedings of the 2012 USENIX Conference on Annual Technical Conference,2012.

(二)GFS 整体架构

GFS 文件系统主要由三个部分构成：唯一的主控服务器（Master）、众多的 Chunk 服务器和 GFS 客户端。主控服务器主要做管理工作，Chunk 服务器负责实际的数据存储并响应 GFS 客户端的读/写请求。[①] 尽管 GFS 由上千台机器构成，但是在应用开发者的眼中，GFS 类似于本地的统一文件系统，分布式存储系统的细节对应用开发者来说是不可见的。

在了解 GFS 整体架构及其组成部分的交互流程前，我们首先了解一下 GFS 中的文件系统及其文件。在应用开发者看来，GFS 文件系统类似于 Linux 文件系统或者 Windows 操作系统提供的文件系统，即具有由目录和存放在某个目录下的文件构成的树形结构。在 GFS 系统中，这个树形结构被称为"GFS 命名空间"，同时，GFS 为应用开发者提供了文件的创建、删除、读取和写入等常见的操作接口（API）。

GFS 中存储的都是大文件，文件大小为几 GB 是很常见的。虽然每个文件大小各异，但是 GFS 在实际存储的时候，首先会将不同大小的文件切割成固定大小的数据块，每个数据块被称为"Chunk"，通常将 Chunk 的大小设定为 64MB，这样，每个文件就是由若干个固定大小的 Chunk 构成的。图 4-1 是 GFS 文件。

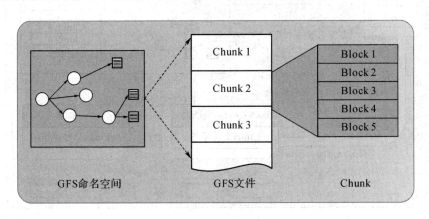

图 4-1　GFS 文件

---

① Ghemawat S, Gobioff H, Leung S. The Google File System. 19th ACM Symposium on Operating Systems Principle, 2003.

从图 4-1 中可以看出，每个 GFS 文件被切割成固定大小的 Chunk，即 GFS 以 Chunk 为基本存储单位，同一个文件的不同 Chunk 可能存储在不同的 Chunk 服务器上，每个 Chunk 服务器可以存储很多来自不同文件的 Chunk 数据。另外，Chunk 服务器内部会对 Chunk 进行进一步切割，将其切割为更小的数据块，每个数据块被称为一个"Block"，这是文件读取的基本单位，即每次读取时至少读一个 Block。① 图 4-1 也表明了这种对 GFS 文件细粒度的切割。总结起来就是：GFS 命名空间由众多的目录和 GFS 文件构成，一个 GFS 文件由众多固定大小的 Chunk 构成，而每个 Chunk 又由更小粒度的 Block 构成，Chunk 是 GFS 中基本的存储单元，而 Block 是基本的读取单元。

图 4-2 显示了 GFS 系统的整体架构，在这个架构中，主控服务器主要做管理工作，不仅要维护 GFS 的命名空间，还要维护 Chunk 的命名空间。之所以如此，是因为在 GFS 系统内部，为了能够识别不同的 Chunk，每个 Chunk 都会被赋予一个独一无二的编号，所有 Chunk 的编号构成了 Chunk 的命名空间，主控服务器还记录

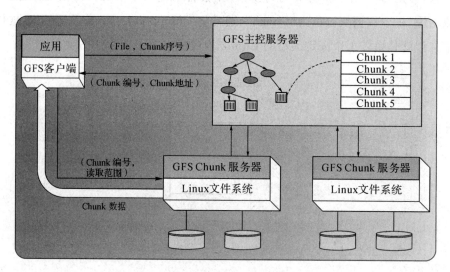

图 4-2 GFS 系统的整体架构

① Sathiamoorthy M. XORing elephants：Novel erasure codes for big data. Proceedings of the VLDB Endowment VLDB Endowment Hompage Archive，2013.

了每个 Chunk 存储在哪台 Chunk 服务器上等信息。另外,因为 GFS 文件被切割成了 Chunk,GFS 系统内部就需要维护文件名称到其对应的多个 Chunk 之间的映射关系。Chunk 服务器负责对 Chunk 的实际存储,同时响应 GFS 客户端对自己负责的 Chunk 的读/写请求。

如图 4-2 所示,在 GFS 系统架构下,我们来看看 GFS 客户端是如何读取数据的。对于 GFS 客户端来说,应用开发者提交的读数据请求可能是:读取文件 File,从某个位置 P 开始读,读出大小为 L 的数据。GFS 系统在接收到这种请求后,会在内部做转换,因为 Chunk 大小是固定的,所以根据位置 P 和大小 L 可以推算出要读的数据位于文件 File 中的第几个 Chunk 中,即请求被转换为〈文件名 File,Chunk 序号〉的形式。随后,GFS 系统将这个请求发送给主控服务器,因为主控服务器保存了一些管理信息,通过主控服务器可以知道要读的数据在哪台 Chunk 服务器上,同时可以将 Chunk 序号转换为系统内唯一的 Chunk 编号,并将这两个信息传回到 GFS 客户端。

GFS 客户端知道了应该去哪台 Chunk 服务器读取数据后,会和 Chunk 服务器建立联系,并发送要读取的 Chunk 编号以及读取范围,Chunk 服务器在接收到请求后,将请求数据发送给 GFS 客户端,如此就完成了一次数据读取工作。

二、Hadoop 分布式文件系统(HDFS)

Hadoop 分布式文件系统(Hadoop Distributed File System,HDFS)可以部署在廉价的机器上(大数据系统本身就是平民的技术),能够安全可靠地存储 TB 级甚至 PB 级的海量非结构数据。它可以和 MapReduce 编程模式相结合,能够为应用程序提供高吞吐量的数据访问,适用于大数据集应用,比如基于文件的分析和挖掘应用。[①]

(一)HDFS 设计目标

HDFS 是运行在由廉价的机器硬件组成的集群上的,采用流式数据访问模式

---

① Yongqiang H. RCFile:A fast and space-efficient data placement structure in MapReduce-based warehouse systems. Washington D C:Proceedings of the 2011 IEEE 27th International Conference on Data Engineering,2011.

来存储超大文件的文件系统,其设计目标如下。

(1)大规模数据集。HDFS 的典型文件大小介于 GB 级和 TB 级之间,HDFS 支持大文件的存储,一个 HDFS 实例的文件数量可以达到千万个。

(2)流式数据读写。HDFS 的数据读写思想是一次写入,多次读取。一个数据集通常由数据源生成,人们可以利用这些数据集来做分析,每次分析都会涉及数据集中的大部分数据。

(3)集群规模动态扩展。节点可以动态加入集群中,以满足不断增长的数据规模,一个集群里的节点数据可达数百个。由于部署在廉价机器上,设计上需要考虑当节点发生故障时,系统须具备错误检测和快速自动恢复的功能。

(4)移动计算而不移动数据。在数据处理时,HDFS 遵循的是处理逻辑不变、数据规模可变这样一种思想。计算代码的数据量要远远小于要处理数据的数据量,移动计算可以大大减少网络的拥塞,并可提高系统吞吐量。

HDFS 不适用于以下一些应用场景。[①]

(1)低延迟的数据访问。那些需要低延迟,即要求访问速度在毫秒范围内的数据访问不适合用 HDFS。HDFS 的目标是高数据吞吐量,而实现方式一般会以延迟为代价。

(2)大量的小文件。HDFS 的名称节点(NameNode)存储着文件系统的元数据,而这些元数据都是存在于子内存中的,用于定位数据库的存储位置,所以文件的数量受限于名称节点的内存量。[②] 每个文件的元数据块大约占 150 B,假如有 100 万个文件,就需要 300 B 的内存。如果有大量的小文件,就会占用大量的内存,所以需要将小文件合并成大文件来处理。

(3)多用户写入和文件修改。HDFS 中的文件只有一个写入者,而且写操作总是在文件末尾。它不支持多个写入者,或是在文件的任意位置进行修改。

(二)HDFS 架构

HDFS 由客户端子系统、名称节点子系统和数据节点子系统三个部分构成。

---

① High availability framework for HDFS NN. [2016-10-23]. https://issues. apache. org/jira/browse/HDFS-1623.

② HDFS RAID. [2016-10-11]. https://wiki. apache. org/hadoop/HDFS-RAID.

这些子系统具有不同的功能,分别位于不同的层次,部署在不同的物理节点上。下面通过分析 HDFS 的逻辑架构和物理架构,让读者对 HDFS 有一个深刻的认识。

1. 逻辑架构

HDFS 的架构是多层次的,HDFS 基于主从模式进行管理,采用远程过程调用即 RPC 来实现层间的交互。HDFS 的逻辑架构如图 4-3 所示。[①]

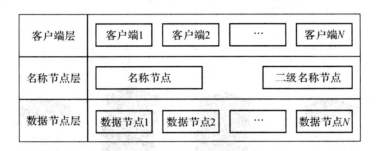

图 4-3　HDFS 系统的逻辑架构

从图 4-3 可以看出,HDFS 由客户端层、名称节点层和数据节点(DataNode)层三个层次构成。

(1)客户端层通过 HDFS 提供一个类似可移植操作系统接口(Portable Operating System Interface of Unix,POSIX)的文件系统接口,通过名称节点和数据节点的交互来读写 HDFS 的文件系统。客户端首先从名称节点上获得文件数据块的位置列表,然后直接从数据节点上读取文件数据,名称节点不参与文件的传输。

(2)名称节点层主要由名称节点主服务器和二级名称节点构成。名称节点执行文件系统的命名空间操作,比如打开、关闭、重命名文件或目录,还决定数据块到数据节点的映射。二级名称节点(Secondary NameNode)主要辅助名称节点处理镜像文件和事务日志,它会定期从名称节点上复制镜像文件和事务日志到临时目录,合并生成新的镜像文件后重新上传到名称节点上。

(3)数据节点层主要由多个数据节点构成。数据节点负责处理客户的读/写请求,依照名称节点的命令,执行数据块的创建、复制、删除等工作。

---

① HDFS scalability with multiple namenodes. [2016-11-12]. https://issues. apache. org/jira/browse/HDFS-1052.

2. 物理架构

HDFS 的物理架构如图 4-4 所示。

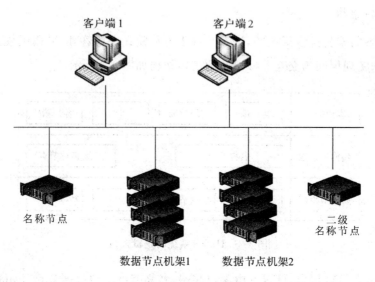

图 4-4　HDFS 的物理架构

HDFS 的典型部署方式是在两个专门的服务器上运行名称节点和二级名称节点,再将数据节点安装在以机架为单位的多组机架上的机器上。一个集群上只有一个名称节点。[①]

三、Haystack 存储系统

Haystack 是 Facebook 公司设计开发的一种对象存储系统,这里的"对象"主要是指用户上传的图片数据。作为一个社交平台,Facebook 用户需要设置头像或者与朋友分享图片,所以 Facebook 面临海量图片的存储和读取更新等任务。2015年,Facebook 存储了超过 2600 亿张的图片,这些数据的存取与管理都是靠Haystack 系统完成的。

大型商业互联网公司对类似于 Haystack 的对象存储系统有很大的需求,这里

---

① 　NameNode HA 原理详解. [2016-11-25]. http://blog. csdn. net/tantexian/article/details/44964587.

的"对象"往往是指满足一定性质的媒体类型数据,对它们的存储类似于对图片数据的存储,特点是:一次写入,多次读取,从不更改,很少删除。[1] 很多其他类型的数据也有此种特点,比如邮件附件、视频文件以及音频文件等,一般将这种数据称为"BLOB(Binary Large Object,二进制大对象)数据",对应的存储可以称为"BLOB存储系统"。因为其特点是读多改少,所以在设计这种存储系统的时候,保证读取效率是需要重点考虑的因素。

目前国内的淘宝和腾讯等大型互联网公司也独立开发了类似的存储系统,其实现思路应该与 Haystack 系统差异不大。

为了减少系统读取压力,对于海量的静态数据请求,一般会考虑使用 CDN(Content Delivery Network,内容分发网络)来缓存热门请求。这样,对于大量请求,CDN 系统就可以满足。开发 Haystack 存储系统的初衷是作为 CDN 系统的补充,即热门请求由 CDN 系统负责,长尾的图片数据请求由 Haystack 系统负责。

由于图片数据请求具有"读多改少"的特点,所以提高图片的读取速度是 Haystack 系统的设计核心。[2] 一般读取一张图片需要有两次磁盘读操作,首先从磁盘中获得图片的元数据,根据元数据从磁盘中读出图片内容。为了提高读取速度,Haystack 系统的核心目标是减少读取磁盘的次数,但将所有图片内容放入内存显然是不太可能的,因而可以考虑将图片的元数据放入内存中。这是因为相比图片本身内容的数据量来说,图片的元数据小很多,将所有图片的元数据放入内存理论上是可行的,这样就可以将两次磁盘操作减少为一次磁盘操作。

但是实际上,虽然每个图片的元数据量不大,但由于图片数量太多,内存仍然放不下这么多的数据。在设计 Haystack 时,设计者从两个方面来考虑减少元数据的总体数量:一方面是由多个图片数据拼接成一个数据文件,这样就可以减少用于管理的数据的数量;另一方面,由于一个图片的元数据包含多个属性信息,故

① Beaver D, Kumar S, Li H C, et al. Finding a needle in Haystack:Facebook's photo storage. Berkeley:Proceedings of the 9th USENIX Conference on Operating Systems Design and Implementation,2010.

② Parquet. [2016-08-17]. http://parquet.apache.org/

Haystack 将文件系统中的元数据属性减少,只保留必需的属性。① 通过这两种方式即可在内存中保留所有图片的元数据,原先的两次磁盘读取就改为:元数据从内存读取,图片数据从磁盘读取。这种方式可以有效地减少磁盘读取操作,优化系统性能。

(一)物理卷与逻辑卷

在了解 Haystack 架构之前首先需要了解什么是"物理卷"(Physical Volume)和"逻辑卷"(Logical Volume),如图 4-5 所示。Haystack 由很多 PC 构成,每个 PC 的磁盘存储若干物理卷。前面讲过,为了减少文件元数据的数量,需要将多个图片的数据存储在同一个文件中,这里的物理卷就是用来存储多个图片数据对应的某个文件的,一般一个物理卷文件大小为 100GB,可以存储上百万张图片的数据。不同机器上的若干物理卷共同构成一个逻辑卷,Haystack 的存储操作过程,是以逻辑卷为单位的,一张待存储的图片的数据会同时被追加到某个逻辑卷对应的多个物理卷文件末尾。这样一来,即使某台机器宕机,或者因为其他原因不可用,也可以从其他机器的物理卷中读出图片信息,这种数据的冗余是海量存储系统必须考虑的。

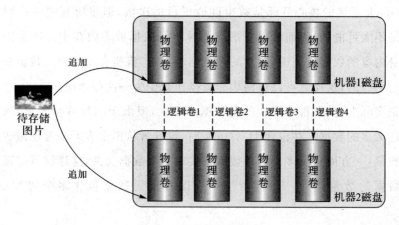

图 4-5　物理卷与逻辑卷

---

① Reed-Solomon error correction. [2016-08-17]. https://en. wikipedia. org/wiki/Reed-Solomon_error_correction.

(二)Haystack 整体架构

现在来看一下 Haystack 系统的整体架构(见图 4-6)。

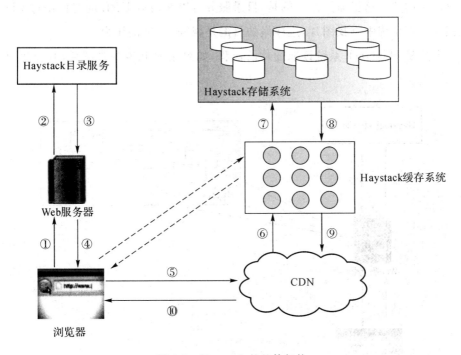

图 4-6　Haystack 的整体架构

Haystack 由三个部分构成:Haystack 目录服务、Haystack 缓存系统和 Haystack 存储系统。[①] 当 Facebook 用户访问某个页面时,目录服务会为其中的每张图片构造一个 URL。URL 通常由几个部分构成,典型的 URL 构成如下:

http://〈CDN〉/〈Cache〉/〈机器 ID〉/〈逻辑卷 ID,图片 ID〉

〈CDN〉指出了应该去哪个 CDN 读取图片。CDN 在接收到访问请求后,在内部根据逻辑卷 ID 和图片 ID 查找图片。如果找到,则将图片返回给用户;如果没有找到,则把这个 URL 的〈CDN〉部分去掉,将改写后的 URL 提交给 Haystack 缓存

---

① Melnik S,Gubarev A,Long J,et al. Dremel:Interactive analysis of Web-Scale datasets. Communications of the ACM,2011,3(12):114-123.

系统。[①] 缓存系统与 CDN 功能类似，首先在内部查找图片信息，如果没有找到就会到 Haystack 存储系统内读取图片，并将读出的图片放入缓存中，之后将图片数据返回给用户。这里需要注意的是，目录服务可以在构造 URL 的时候绕过 CDN，直接在缓存系统中查找图片，这样做的目的是减轻 CDN 的压力。

上述是 Haystack 系统读取图片的流程，如果用户上传一张图片，其流程可参考图 4-7。

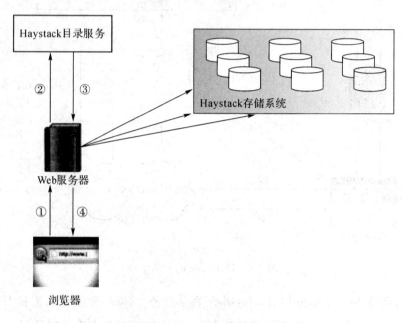

图 4-7　用户上传图片流程

当用户请求上传图片时，Web 服务器从目录服务中得到一个允许写入操作的逻辑卷，同时 Web 服务器赋予这张图片以唯一的编号，之后即可将其写入这个逻辑卷对应的多个物理卷中。

---

① Plank J S. A tutorial on Reed-Solomon coding for fault-tolerance in RAID-like systems. John Wiley & Sons Inc. ,1997.

第二节 列式存储

列式数据库的提出和技术的不断进步与互联网的快速发展密切相关的。随着大型互联网公司用户产生的数据量的快速增长,在 PB 级别数据量条件下提供快速数据读/写操作已成为一种挑战,传统的关系型数据库已经很难处理如此规模的数据,以 BigTable 为代表的列式数据库应运而生。

列式数据库兼具 NoSQL 数据库和传统数据库的一些优点,其具备 NoSQL 数据库很强的水平扩展能力、极强的容错性以及极高的数据承载能力,同时也有接近于传统关系型数据库的数据模型,在数据表达能力上强于简单的 Key-Value 数据库。[1] 从列式数据库的技术发展趋势可以看出,其发展方向是越来越多地兼具两者的优点,包括具有全球范围的数据部署、千亿级别的数据规模、极低的数据读/写延迟、类 SQL 操作接口、分布式事务支持等。

一、BigTable

BigTable 是一种针对海量结构化或者半结构化数据的存储模型,在谷歌的云存储体系中处于核心地位,起到了承上启下的作用。GFS 是一个分布式海量文件管理系统,对于数据格式没有任何限定。BigTable 以 GFS 为基础,建立了数据的结构化解释。对于很多实际应用来说,数据都是有一定格式的。在应用开发者看来,BigTable 建立的数据模型与实际应用更贴近。Megastore 存储模型、Percolator 计算模型都是建立在 BigTable 之上的存储和计算模型。由此可看出,BigTable 的地位很重要。

(一)BigTable 的数据模型

简单来说,BigTable 的数据模型就是基于稀疏的、分布式的、持久化存储的多维度排序映射。映射的索引是行关键字、列关键字及时间戳(Time Stamp),映射

---

[1] Chang F,Dean J,Ghemawat S,et al. Gruber. BigTable:A distributed storage system for structured data. Seattle:Proceedings of the 7th USENIX Symposium on Operating Systems Design and Implementation,2006.

中的值可以存储任何字节的数据。通过行关键字的字典顺序来组织数据，表中的每个行都可以动态分区。每个分区叫作一个子表，子表是数据分布和负载均衡调整的最小单位。这样做的结果是，当操作只读取行中很少几列的数据时效率很高，通常只需要很少几次机器间的通信即可完成。用户可以通过选择合适的行关键字，在数据访问时有效利用数据的位置相关性，从而更好地利用这个特性。

列关键字组成的集合叫作列族，列族是访问控制的基本单位。存放在同一列族下的所有数据通常都属于同一个类型（这样可以把同一个列族下的数据压缩在一起）。在使用之前必须先创建列族，然后才能在列族中任一列关键字下存放数据；列族创建后，其中的任何一个列关键字下都可以存放数据。

在 BigTable 中，表的每一个数据项都可以包含同一份数据的不同版本，不同版本的数据通过时间戳来索引。BigTable 时间戳的类型是 64 位整型。BigTable 可以给时间戳赋值，用来表示精确到毫秒的实时时间；用户程序也可以给时间戳赋值。如果应用程序需要避免数据版本的冲突，那么它必须自己生成具有唯一性的时间戳。数据项中，不同版本的数据按照时间戳倒序排序，即最新的数据排在最前面。

（二）BigTable 的整体结构

在应用开发者看来，BigTable 就是由很多类似于 WebTable 这样的三维表格共同组成的一个系统，应用开发者只需要考虑具体应用包含哪些表格，每个表格包含哪些列，然后就可以在相应的表格内以列为单位增删内容。至于表格在内部的存储，则交由 BigTable 来进行管理。

图 4-8 是 BigTable 的整体结构，其中主要包含主控服务器（MasterServer）、子表服务器（Tablet Server）和客户端程序（Client）。每个表格将若干连续的行数据划分为一个子表，这样，表格的数据就会被分解为一些子表。子表服务器主要负责子表的数据存储和管理，同时需要响应客户端程序的读/写请求，其负责管理的子表以 GFS 文件的形式存在，BigTable 内部将这种文件称为 SSTable，一个子表就是由子表服务器磁盘中存储的若干个 SSTable 文件组成的。主控服务器负责整个系统的管理工作，包括子表的分配、子表服务器的负载均衡、子表服务器的失效检测等。客户端程序则是具体应用的接口程序，直接和子表服务器进行交互通信，来读/写某个子表对应的数据。

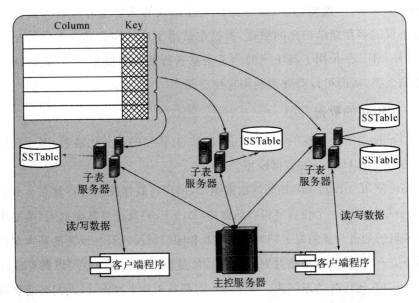

图 4-8　BigTable 整体结构

二、HBase

HBase 是谷歌 BigTable 的开源实现,建立在 HDFS 之上,是具有高可靠性、高性能,具备列存储、可伸缩、实时读写功能的数据库系统。HBase 完全参照谷歌的 BigTable 实现,就像 BigTable 利用了 GFS 所提供的分布式数据存储一样,HBase 在分布式系统 Hadoop 上提供了类似于 BigTable 的服务。HBase 主要用来存储非结构化和半结构化的松散数据。与 Hadoop 一样,HBase 的目标是主要依靠横向扩展,通过不断增加廉价的商用服务器来提升计算和存储能力。

HBase 中的表一般有如下特点。

(1)大:一个表可以有上亿行,上百万列。

(2)面向列:面向列(族)进行存储和权限控制,列(族)独立检索。

(3)稀疏表中的空列,并不占用存储空间,因此,表可以设计得非常稀疏。

HBase 是这样解决扩展性问题的:它自下向上地进行构建,能够简单地通过增加节点来实现线性扩展。HBase 并不是关系型数据库,它不支持 SQL,但在特定的问题空间里,它能够做关系数据库管理系统(Relational Database Management

System,RDBMS)不能做的事,即在廉价硬件构成的集群上管理超大规模的稀疏表。它不仅能够存储结构化的数据,而且也适用于半结构化甚至非结构化的数据存储;另外,HBase采用了基于列的而不是基于行的数据模型,并且能够稀疏地存储表中的数据,从而可以有效地利用存储空间。

(一)HBase的数据模型

BigTable是一个稀疏的、分布式的、多维的、排序的持久化映射,因此我们将从这几个方面介绍HBase的数据模型。

HBase使用与BigTable相同的数据模型,用户将数据按照行存储在一个数据表中,每个数据行都有一个任意字符串的键值(Row Key)及任意数量的列,类型相同或逻辑上关联的列进一步组成了列族。列族是权限控制及列属性设置的基本单位。一般情况下,一个表的列族是相对固定的并且数量较少的。HBase可以拥有任意多的列,并且可以在运行时动态创建。由于每一列都属于某个列族,因此列名通常可以写作family:qualifer的形式。此外,在HBase的每个单元格中都可以存储多个版本的值,按时间戳递减排列,位于最上面的是更新时间最晚的版本,也就是最新的值。HBase会定期删除过旧的版本,只保留较新的几个版本。键值、列名与时间戳这三维数据最终共同确定了HBase中的一个值。图4-9是在HBase存储搜索引擎中抓取的信息的数据表,content、anchor和mime是该表的列族,而anchor:anchor. cnnsi. com则是列族anchor下的一个列名,在时间戳t9时它所对应的值是CNN。[①]

Row Key	Time Stamp	Column"content"	Column"anchor"		Column"mime"
com. cnn. www	t9		anchor:cnnsi. com	CNN	
	t8		anchor:my. look. ca	CNN. com	
	t6	⟨html⟩…			text/html
	t5	⟨html⟩…			
	t3	⟨html⟩…			

图 4-9 HBase 数据概念模型

---

① Cooper B F, Ramakrishnan R, Srivastava U, et al. Pnuts:Yahoo!'s hosted data serving platform. Proceedings of the VLDB Endowment,2008,1(2):1277-1288.

HBase 中的每行数据,都严格按照键值的字母序排列,也就是说,键值为
"aaaa"的行一定紧挨着键值为"aaab"的行,而与键值为"zzzz"的行距离很远。这样
的设计在数据体量非常大的系统中是十分有用的,在检索时由于已建立了相应的
索引,大大加快了数据的查询速度;另外,这样的设计对于元数据表的管理也是非
常有用的,每个表的元数据都以表名为前缀,这样同一个表的所有元数据都具有相
同的前缀,且存储在一起。从这一点看,键值就类似于关系数据库中的主键。但
是,HBase 中除了该键值以外,并不为其他任何列或值建立索引,因此选取合适的
键值,使得用户在较小的键值范围内就能找到请求的数据就显得非常重要。

虽然在理论上,HBase 的数据表可以表示为如图 4-9 所示的稀疏表结构,但是
在物理上,HBase 的数据却是按照列族来进行存储的,每个列族中的值,结合键值
与对应的时间戳存储在一个独立的文件中,不同列族的数据,即使属于同一行数
据,也会存储在不同的文件中。图 4-10 表示了图 4-9 中的例子在实际存储中的结
构,图 4-9 中空白的单元格在实际存储中并不占用任何物理单元。这也是 HBase
被称为面向列的稀疏的数据库的主要原因。将类型相同或逻辑上相关的列置于同
一个列族之内可以使它们存储在同一个文件中相近的位置,从而加快系统的读/写
速度。

Row Key	Time Stamp	Column"content"
com. cnn. www	16	"〈html〉…"
	15	"〈html〉…"
	13	"〈html〉…"

Row Key	Time Stamp	Column"anchor"	
com. cnn. www	t9	"anchor:cnnsi. com"	"CNN"
	t8	"anchor:my. look. ca"	"CNN. com"

Row Key	Time Stamp	Column"mime"
com. cnn. www	t6	"text/html"

图 4-10　HBase 数据存储模型

(二)HBase 的整体架构

HBase 自身是一个可独立部署的分布式数据库系统,但在一个复杂的应用环境下,如果同时要将现有的数据库系统和大量的文本文件数据导入 HBase 分布式数据库中,就要把 HBase 分布式数据库系统与 HDFS、ZooKeeper 等集成起来,才能满足这类复杂应用。HBase 系统在设计时已考虑到与这些系统的集成,并预留了丰富的接口,让用户只需要在 HBase 中进行简单配置,就能够实现集成。

下面主要对 HBase 分布式数据库系统的逻辑架构和物理架构进行分析,使读者对 HBase 系统的架构有一个相对完整的认识。

1.逻辑架构

HBase 分布式数据库系统构建在一个多层次的架构上,它与 HDFS 和 MapReduce 一样都采用主从模式,即由一个主服务器(HMaster)和多个从的域服务器(HRegionServer)构成。其与 HDFS 和 MapReduce 主从模式不同之处主要在于其主服务器 HMaster 只管理内部的域服务器 HRegionServer,而不和客户端进行直接交互,而 HDFS 和 MapReduce 的主机节点都会与客户端进行直接交互。此外还有一个不同点,HBase 要依赖于 ZooKeeper 这个分布式协同系统,来实现对 HBase 集群状态的授权和客户端对 HBase 系统的访问控制。HBase 分布式数据库系统的逻辑架构如图 4-11 所示。

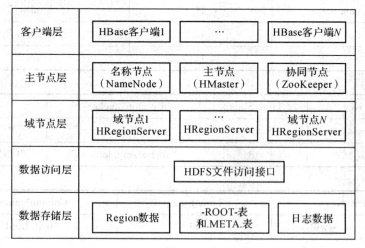

图 4-11　HBase 分布式数据库系统的逻辑架构

从图 4-11 可以看出，HBase 系统由客户端层、主节点层、域节点层、数据访问层、数据存储层五个层次构成。

(1)客户端层主要通过调用 HBase 提供的数据库访问接口来满足用户对数据库的增删查改的请求。HBase 提供的访问接口包括 Java 接口、Thrift 接口、REST 接口等，可以满足不同语言、不同协议对数据库系统的访问。要对数据库系统进行访问，首先要和 ZooKeeper 建立连接到数据库系统的-ROOT-表，再通过-ROOT-来逐层定位到域节点，和域节点进行直接的数据交互。

(2)主节点层主要包括主节点 HMaster、协同节点 ZooKeeper、名称节点 NameNode。其中名称节点对于小型分布式数据库系统是可以不用的，使用名称节点主要是想借助 HDFS 系统将大量的数据库系统操作日志写到分布式文件系统中，以便域节点失效后可以通过存储在 HDFS 上的日志数据实现节点数据的恢复。

HMaster 是一个服务于内部的主节点。它主要负责引导初始安装，将 Region 域数据存储信息注册到 HBase 集群中的域服务器 HRegionServer，监控 HRegionServer 的运行并在出现故障时进行恢复。对 HRegionServer 运行状态的监控是 HMaser 通过监控 ZooKeeper 记录的 HRegionServer 的状态变化来完成的。HMaster 还负责将-ROOT-表的位置信息告知 ZooKeeper，以便客户端通过对 ZooKeeper 的访问来定位 HRegionServer 的位置。

(3)域节点层主要由多台同构的 HRegionServer 构成，每个 HRegionServer 管理多个 Region 域实例。客户端主要通过 HRegionServer 来实现对 Region 数据的读写。

(4)数据访问层主要为 Region 节点提供 HDFS 文件读写的访问接口，因为 HRegionServer 上的数据都是以 HDFS 的方式进行文件管理的。

(5)数据存储层主要存储 Region 数据、-ROOT-表、.META.表和日志数据。其中 Region 数据、-ROOT-表、.META.表数据都存储在 HRegionServer 机器上。日志数据存储在 HDFS 分布式文件系统上。在一个 HBase 集群中只有一个 -ROOT-表，并存储在一台 HRegionServer 机器上。

2.物理架构

HBase 分布式数据库系统的物理架构如图 4-12 所示。

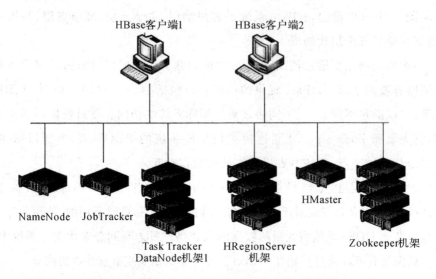

图 4-12　HBase 分布式数据库系统的物理架构

分布式数据库系统主要部署在一台 HMastere 和一组 HRegionServer 机架上。对于小型数据库分布式系统，HMaster 和 ZooKeeper 机架可以部署在一台服务器上。

三、Cassandra

Cassandra 是一套开源分布式 NoSQL 数据库系统，它最初由 Facebook 开发，用于储存收件箱等简单格式数据。Facebook 于 2008 年将 Cassandra 开源，此后，由于 Cassandra 具有良好的可扩展性，它被 Digg、Twitter 等知名 Web 2.0 网站所采纳，成为一种流行的分布式结构化数据存储方案。

Cassandra 是社交网络方面理想的数据库，它以亚马逊专有的完全分布式的 Dynamo 为基础，且其系统架构与 Dynamo 一脉相承，是基于分布式哈希表 (Distributed Hash Table，DHT)的完全 P2P 架构，P2P 架构是两个或多个客户端不经过服务器而直接通信的架构。与传统的基于数据分片的数据库集群相比，Cassandra 可以几乎无缝地加入或删除节点，非常适用于节点规模变化比较快的应用场景。Cassandra 的数据会写入多个节点来保证数据的可靠性，在一致性、可用性和分区容错性的折中问题上，Cassandra 比较灵活，用户在读取时可以指定不同的一致性要求，如要求所有副本一致(高一致性)、读到一个副本即可(高可用性)或是通过选举来确认多数副本一致即可(折中)。这样，Cassandra 可以适用于有节点、网络失效以及多数据中心的场景。同时,与典型的键值数据存储相比,Cassandra 数据模型更为丰富,它提供与谷歌的 BigTable 相似的、基于 Column Family 的数据模型。和其他数据库比较,Cassandra 有三个突出特点。

(1)模式灵活。像文档存储,不必提前决定记录中的字段,而可以在系统运行时随意地添加或移除字段。这是一个惊人的提升效率的方式,特别是在大型部署方面。

(2)具有真正的可扩展性。Cassandra 是纯粹意义上的水平扩展。给集群添加更多容量时,可以随时添加并指向另一台计算机,不必重启任何进程、改变应用查询或手动迁移任何数据。

(3)多数据中心识别。可以调整节点布局来避免某一个数据中心出现问题,一个备用的数据中心将对每条记录进行完全复制。

(一)Cassandra 的核心技术

增量扩展的能力是 Cassandra 考虑的一个关键特性。它要求在集群中的一组节点之间动态地对数据进行分区。

Cassandra 使用一致性散列技术在整个集群上对数据进行分区,但是这是通过一种保证顺序的散列函数来实现的。在一致性散列中,散列函数的输出结果区间可以被看作一个封闭的圆形空间或环(例如,最大的散列值回绕到最小的散列值),其为系统中的每个节点分配这个空间上的一个随机值,代表节点在这个环上的位置。根据数据项的键每个数据项都会被指派给一个节点,通过对这个数据项的键做散列计算,获得它在环上的位置,然后按照顺时针方向找到比它的位置大的第一个节点。这个节点就被认为是这个键的协调器。通过应用指定这个键,Cassandra 利用它来对请求做路由。这样,每个节点都会负责环上的一个区间节点与它在环上的前一个节点(逆时针)之间的区间。如图 4-13 所示,节点 B 负责落在 A 与 B 之间的所有 Key 的存储。一致性散列的主要优势是增加或删除节点只会影响它的邻近节点,不会影响其他的节点。但是基本的一致性散列算法还面临一些挑战。首先,在环上随机地为每个节点指定位置可能导致数据与负载的分布不均衡;其次,基本的一致性算法会抹杀节点之间性能的差异。Cassandra 采用分析环上的负载信息,并移动负载较低的节点的位置以缓解负载过重节点的方法解决上述问题,使用 Cassandra 可以简化设计与实现方案,并且可以让负载均衡的选择更加具有确定性。

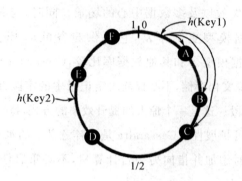

图 4-13　一致性散列技术

1.复制

Cassandra 使用复制来实现高可用性与持久性。每个数据项都会被复制到 N 台主机，N 是可以通过参数配置的复制因子。每个键都被指派给一个协调节点，由协调节点负责复制落在这个节点范围内的数据项。除了将本节点范围内的数据存储到本地外，协调器还需要将这些键复制到环上的其他 $N-1$ 个节点。关于如何复制数据，Cassandra 为客户端提供了多个选项。另外，Cassandra 还提供了多种不同的复制策略，例如，机架不可知（Rack Unaware）、机架可知（Rack Aware，同一个数据中心内）与数据中心可知（Data-center Aware）。

2.数据一致性

Cassandra 有个 NRW 的概念，N 表示副本的个数，R 表示读多少份副本才返回副本给用户，W 表示写多少份副本后才返回副本给用户。通过调整这几个参数，可以达到不同的目标。Cassandra 还有个技术叫"读修复"，同一个键会从多个副本机器中同时读数据，然后进行数据对比，如果结果不一致就说明某些副本的数据有问题，这时就会对数据做修复。如果有机器宕机，Cassandra 用"提示移交"先把送到这台机器的更新消息发给其他机器，等这台机器恢复以后，所移交的机器再把收集的更新消息回送给它。

(二)Cassandra 的数据模型

Cassandra 的数据模型可以被看作一个五维的 Hash（散列，也称为哈希），分为以下几个级别：键空间（Keyspace）、列族、Key、列和超级列（Super Column）（可选）。在列里面可以存放一个单一的值。

（1）键空间：是 Cassandra 中的最大组织单元，里面包含了一系列的列族，键空间一般是应用程序的名称。

（2）列族：是某个特定 Key 的数据集合，每个列族物理上被存放在单独的文件中。从概念上看，列族有点像关系数据库中的表。

（3）Key：必须通过 Key 来访问数据。

（4）列：在 Cassandra 中，列是最基本的数据结构，Column 和 Value 构成一个对，比如，name："jacky"中 Column 是 name，Value 是 jacky，每个 Column：Value 后都有一个时间戳。和数据库不同的是，Cassandra 的一行中可以有任意多个列，而且每行的列可以是不同的。从数据库设计的角度，可以理解为表上有两个字段，第一个是 Key，第二个是长文本类型，用来存放很多的列。这也是 Cassandra 的模式非常灵活的原因。

（5）超级列：超级列是一种特殊的列，里面可以存放任意多个普通的列。而且一个列族中同样可以有任意多个超级列，但一个列族只能定义使用列或超级列，不能混用。

一个列族如图 4-14 所示。

Row Key1	Column Key1	Column Key2	Column Key3	...
	Column Value1	Column Value2	Column Value3	
	...			

图 4-14　列族

超级列族如图 4-15 所示。

Row Key1	Super Column Key1			Super Column Key2		
	Subcolumn Key1	Subcolumn Key2	...	Subcolumn Key3	Subcolumn Key4	...	...
	Column Value1	Column Value2		Column Value3	Column Value4		
	...						

图 4-15　超级列族

123

四、Spanner

Spanner 是谷歌开发的可在全球范围部署的具有极强可扩展性的列式数据库系统,其可以将千亿 PB 规模的数据自动部署到世界范围内数百个数据中心中的百万台服务器中,通过细粒度的数据备份机制极大地提高数据的可用性以及地理分布上的数据局部性。Spanner 具备数据中心级别的容灾能力,即使整个数据中心完全遭到破坏也可以保证数据的可用性。除此之外,Spanner 还具备接近于传统数据库关系型模型的半结构化数据模型定义、类 SQL 查询语言以及完善的事务支持等特性。

在谷歌的一系列大规模存储系统谱系中,BigTable 尽管有很多适用的场景,但是其在复杂或者不断演化的数据模式下或者有跨行跨表的强一致性需求等应用场景下表现不佳;Megastore 在一定程度上缓解了 BigTable 的上述问题,但是其写性能不佳,一直被诟病。Spanner 可以被看作是对 Megastore 的改进增强版数据库,除了具备 Megastore 的优点外,Spanner 可以细粒度地自主控制数据备份策略,包括备份数目、在不同数据中心的存储配置、备份数据距离用户的物理距离、备份数据之间的距离等。[①] Spanner 还具备传统分布式数据库系统所不具备的优点:其可提供外部一致(Externally Consistent)的读/写能力,以及跨数据库的全局一致性读能力。

Spanner 之所以能够具有上述优点,很重要的原因是其通过 TrueTime 机制为分布式事务打上具有全局比较意义的时间戳,这个时间戳由于跨数据中心全局可比,可以作为事务序列化顺序(Serialization Order)的依据。而且这种序列化顺序还满足如下的外部一致性:如果事务 T_1 的提交时间早于事务 T_2 的开始时间,那么 T_1 的提交时间戳要小于 T_2 的提交时间戳,即可以依据提交时间戳的大小顺序来将分布式事务全局序列化。Spanner 是第一个能够在全局范围提供此种能力的分布式存储系统。

Spanner 的整体架构如图 4-16 所示。一个 Spanner 部署被称为一个 Universe,其

---

① Furman J, Karlsson J S, Leon J M, et al. Megastore: A scalable data system for user facing applications. ACM SIGMOD/PODS Conference, 2008.

由众多的 Zone 集合构成,一个 Zone 类似于一套 BigTable 系统部署实例,数据可以跨数据中心进行备份。Zone 是部署单位,可以整体从 Universe 中添加或者删除 Zone,一个数据中心可以部署多个 Zone。一个 Zone 由唯一的 ZoneMaster,一百到数千个 SpanServer 以及若干位置代理(Location Proxy)构成。ZoneMaster 负责向 SpanServer 分配其需要管理的数据,SpanServer 负责响应客户端的数据请求,位置代理为客户端程序进行数据路由来让其能够定位到对应的 SpanServer。[①] 除了众多的 Zone 外,一个 Universe 还包含一个 Universe Master 和一个 Placement Driver,Universe Master 是一个能够显示 Zone 状态信息的控制台,Placement Driver 负责使数据在不同 Zone 之间进行自动迁移。

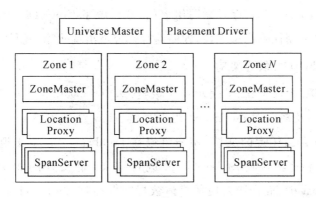

图 4-16　Spanner 的整体架构

第三节　文档存储

　　面向文档的非关系型数据库主要解决的问题不是高性能的并发读/写,而是保证在存储海量数据的同时,具有良好的查询性能。面向文档数据库是由一系列自包含的文档组成的,这意味着相关文档的所有数据都储存在该文档中,而不是关系型数据库的关系表中。事实上,面向文档的数据库中根本不存在表、行、列等,这意味着它们与模式无关,不需要在实际使用数据库之前严格定义模式。如果某个文

　　① 　Corbett J C,Dean J,Epstein M,et al. Spanner:Google's globally-distributed databas. Berkeley: Proceedings of the 10th USENIX Conference on Operating Systems Design and Implementation,2012.

档需要添加一个新字段，它仅需包含该字段，而并不影响数据库中的其他文档。因此，文档不必为没有值的字段储存空数据值。目前主流的文档数据库有两种：CouchDB 和 MongoDB，MongoDB 是用 C++开发的，CouchDB 则是用 Erlang 开发的。

一、CouchDB

CouchDB 是一个面向文档的数据库管理系统。它提供以 JavaScript 对象标记（JavaScript Object Notation，JSON）为数据格式的 REST 接口来对文档进行操作，并可以通过视图来控制文档的组织和呈现。"Couch"是由"cluster of unreliable commodity hardware"的首字母缩写组成的，它反映了 CouchDB 的目标是具有高度可扩展性、高可用性和高可靠性，即使运行在容易出现故障的硬件上也是如此。

(一)CouchDB 的系统架构

在 CouchDB 中，Database 表示一个数据库，每个 Database 对应一个 Storage（后缀为.couch）及多个 View Index（用来存储 View 结果支持 Query）。Database Storage 中可以存储任意的文档，用户可以在 Database 中自定义视图，方便对数据进行查询，视图默认使用 JavaScript 进行定义，定义好的相关函数保存在 Design Document 中，而视图对应的具体数据则保存在 View Index 文件中。数据库文件的后缀为.couch，文件由 Header 和 Body 组成。CouchDB 的结构如图 4-17 所示。

CouchDB 构建在强大的 B＋Tree（树）储存引擎之上。这种引擎负责对 CouchDB 中的数据进行排序，并提供一种能够在对数均摊时间内执行搜索、插入和删除操作的机制。CouchDB 将这个引擎用于所有内部数据、文档和视图。

因为 CouchDB 数据库的结构独立于模式，所以它依赖于使用视图创建文档之间的任意关系，以及提供聚合和报告特性。使用 MapReduce 计算这些视图的结果是，CouchDB 中的 MapReduce 特性生成键值对，CouchDB 将它们插入 B＋Tree 引擎中并根据它们的键进行排序。这就能通过键进行高效查找，并且提高 B＋Tree 的操作性能。此外，这还意味着可以在多个节点上对数据进行分区，而不需要单独查询每个节点。

传统的关系型数据库管理系统有时使用锁来管理并发性，从而防止其他客户机访问某个客户机正在更新的数据。这就使得多个客户机不能同时更改相同的数据，但对于多个客户机同时使用一个系统的情况，数据库在确定哪个客户机应该接收锁并维护锁队列次序时会遇到困难这种情况是很常见的。在 CouchDB 中没有锁机制，它使用的是多版本并发性控制（Multiversion Concurrency Control，MVCC），它向每个客户机提供数据库的最新版本的快照。这意味着在提交事务之前，其他用户不能看到更改情况。

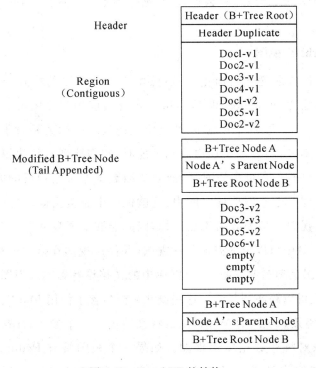

图 4-17　CouchDB 的结构

(二)CouchDB 文档

CouchDB 数据库存储唯一的命名文档并提供一个 RESTful JSON API，该 API 允许应用程序读取和修改这些文档。CouchDB 数据库中的所有数据都储存在一个文档中，并且每个文档可以由未定义的字段组成，这意味着每个文档都可以含有未在其他文档中定义的字段。换句话说，这些文档不受严格的模式限制。

当更改 CouchDB 文档时，这些更改实际上并不是附加在原来的文档之上，而是创建整个文档的一个新版本,即修订。这意味着数据库会自动维护文档修改的完整历史。文档修订系统管理修订控制,但不包括在数据库中自动完成的修订。

CouchDB 没有锁机制,两个客户机可以同时加载和编辑同一个文档。不过,如果一个客户机保存了所有更改时,另一个客户机在尝试保存更改时将收到一个编辑冲突通知,其可以通过加载更新版本的文档来解决该冲突,然后重新进行编辑并再次保存。CouchDB 通过确保文档全部更新成功或全部失败来保持数据的一致性,即文档更新要么成功,要么失败,数据库中不会存在仅保存了一部分文档这种情况。

(三)CouchDB 视图

CouchDB 的本质是非结构化的,虽然由于缺乏严格的模式而获得了更大的灵活性和可伸缩性,但是这使得 CouchDB 在现实应用程序中难以被应用。在关系型数据库中,对于每个应用程序,严格定义的表之间的关系对于为数据赋予意义至关重要。不过,当要求实现更高的性能时,则需要创建物化视图来反规范化(Denormalize)数据。在很多情况下,面向文档数据库采用相反的方法处理事情。它将数据储存在一个平面地址空间中,这就像一个完全反规范化的数据仓库,然后它提供一个视图模型为数据添加结构,因此能够聚合数据得出有用的含义。

在 CouchDB 中可以根据需求创建视图,并使用视图在数据库中聚合、连接和报告文档。视图是动态创建的,对数据库中的文档没有影响。视图是在设计文档中定义的,并且可以跨实例复制。这些设计文档包含了使用 MapReduce 运行查询的 JavaScript 函数。视图的 Map()函数将文档当作一个参数,并执行一系列的计算来决定应该对哪些数据使用视图。如果一个视图具有 Reduce 函数,就使用 Reduce 函数来聚合结果。视图接收一组键和值,然后将它们合并成一个单一的值。

二、MongoDB

MongoDB 是一个高性能、开源、模式自由(Schema-free)的文档型数据库,它在许多场景下可用于替代传统的关系型数据库的键—值存储方式。MongoDB 是一个介于关系型数据库和非关系型数据库之间的产品,是非关系型数据库当中功能最丰富、最像关系型数据库的产品。它支持的数据结构非常松散,是类似

JSON 的 BJSON(Binary JSON)格式,因此可以存储比较复杂的数据类型。MongoDB 最大的特点是它支持的查询语言功能非常强大,其语法有点类似于面向对象的查询语言,几乎可以实现类似关系型数据库单表查询的绝大部分功能,而且还支持对数据建立索引。

MongoDB 主要解决的是海量数据的访问效率问题,根据官方的介绍,当数据量达到 50GB 及以上时,MongoDB 的数据库的访问速度是 MySQL 的 10 倍以上。MongoDB 的并发读/写效率不是特别出色,官方提供的性能测试表明,其大约每秒可以处理 0.5 万~1.5 万次读/写请求。

因为 MongoDB 主要支持海量数据存储,所以 MongoDB 还自带了一个出色的分布式文件系统 GridFS,可以支持海量数据的存储。

由于 MongoDB 可以支持复杂的数据结构,而且带有强大的数据查询功能,因此非常受欢迎,很多项目都考虑用 MongoDB 替代 MySQL 来实现不是特别复杂的 Web 应用,美国著名的网站 Craigslist 就从 MySQL 迁移到 MongoDB。Craigslist 的数据量实在太大,迁移到 MongoDB 上面之后,数据查询的速度得到了非常显著的提升。

(一)MongoDB 的特性

MongoDB 使用 C++开发,具有以下特性。

(1)面向集合的存储:适合存储对象及形式的数据。

(2)动态查询:MongoDB 支持丰富的查询表达式。查询指令使用 JSON 形式的标记,可轻易查询文档中内嵌的对象及数组。

(3)完整的索引支持:包括文档内嵌对象及数组。Mongo 的查询优化器会分析查询表达式,并生成一个高效的查询计划。

(4)查询监视:MongoDB 包含一个监视工具用于分析数据库操作的性能。

(5)复制及自动故障转移:MongoDB 数据库支持服务器之间的数据复制,支持主从模式及服务器之间的相互复制。复制的主要目标是提供冗余及自动故障转移。

(6)高效的传统存储方式:支持二进制数据及大型对象(如照片或图片)。

(7)自动分片以支持云级别的伸缩性:自动分片功能支持水平的数据库集群,可动态添加额外的机器。

如果需要对数据进行大量的更新操作,MongoDB 比较适用,比如在更新实时分析计数这种情形下,以及要存储经常变化的数据,比如浏览量、访问数之类的数据时。

(二)MongoDB 的系统架构

1. 组件

MongoDB 系统配置示例如图 4-18 所示。MongoDB 中包含两个数据库服务器的主要组成部分:第一个是 Mongod 过程,它是核心数据库服务器;另一个是 Mongos 过程,Mongos 有助于数据自动分片,被认为是一个数据库路由器,它使得 Mongod 过程的集合看起来像是一个数据库。

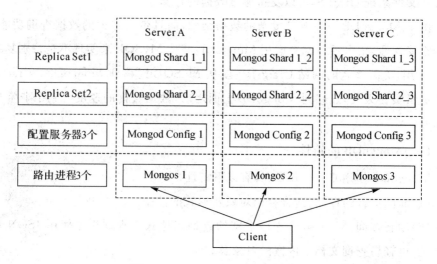

图 4-18 MongoDB 系统配置示例

2. 数据库缓存

MongoDB 消除了对单独的对象缓存层的需要。由于对象在数据库中的表示与它在内存中的表示非常相似,因而文件系统内存缓存的查询可以很快命中。此外,MongoDB 可以扩展到任何级别,并且提供了一个对象缓存和数据库的集成,这是非常有用的,因为它没有从缓存中检索陈旧数据的风险。此外,MongoDB 也为数据库管理系统的复杂查询提供了可能。

3.数据复制

MongoDB 支持服务器之间异步数据复制,在特定的时间,只有一台活跃服务器是可写的。由于在任何时间都只有一台活跃的主服务器,因此可以取得强一致性。如果最终一致性也是可以接受的,我们也可以选择向次级服务器发送读请求。

4.分片

MongoDB 通过自动分片来进行水平扩展,分片具有以下特性:

(1)自动均衡负载和数据分布的变化;

(2)轻松添加新机器;

(3)向外扩展至 1000 个节点;

(4)没有单点故障;

(5)自动故障转移。

MongoDB 也存在以下两大问题:

(1)删除锁定问题。当批量删除记录时,数据库会锁定阻止读写。这意味着进行数据清理时会让网站应用失去响应。

(2)内存占用问题。MongoDB 用了操作系统的内存文件映射,这导致操作系统会把所有空闲内存都分配给 MongoDB,而当 MongoDB 没有这个需要时,除非重启数据库,否则 MongoDB 不会主动释放占用的空闲内存。

第四节　Key-Value 存储

Key-Value 存储系统具有与 Memcached 相似的数据模型:一个 Map 字典允许用户根据 Key 查找和请求 Value。除此之外,现在的 Key-Value 存储更倾向于取得高的扩展性,并因此牺牲部分一致性,所以它们中的大多数会略去对大量随机查询及一些分析特性(特别是连接和聚集操作)的支持。

一、Redis

Redis 本质上是一个 Key-Value 类型的内存数据库,使用 ANSI C[①] 语言编写而成,并提供多种语言的 API。Redis 支持存储的 Value 类型包括 String(字符串)、List(链表)、Set(集合)、Zset(有序集合)和 Hash(哈希类型)。这些数据类型都支持 Push/Pop、Add/Remove 操作及取交集、并集和差集等更丰富的操作,而且这些操作都是原子性的。[②] 在此基础上,Redis 还支持各种不同方式的排序。

Redis 整个数据库系统加载在内存当中进行操作,因为是纯内存操作,性能非常出色,每秒可以处理超过 10 万次读/写操作,也可以通过以下两种方式实现持久化。

(1)使用快照,即一种半持久耐用模式。不时地将数据集以异步方式从内存以 RDB(Relational Database,关系数据库)格式写入硬盘。

(2)Redis1.1 版本开始使用更安全的 AOF(Append Only File)格式,它是一种只能追加的日志类型,对数据集进行修改操作记录。Redis 能够在后台对只可追加的记录做修改来避免无限增长的日志。

Redis 的出色之处不仅仅表现在其性能上,Redis 还可以用来实现很多有用的功能,比如用它的 List 来做 FIFO(First Input First Output)双向链表,能实现一个轻量级的高性能消息队列服务,用 Set 可以做高性能的 Tag 标签系统等。[③] 另外 Redis 也可以对存入的 Key-Value 设置 Expire 时间,因此也可以把它当作一个功能加强版的 Memcached 来用。

Redis 的主要缺点是数据库容量受到物理内存的限制,不能用来进行海量数据的高性能读/写,并且它没有原生的可扩展机制,不具有可扩展能力,要依赖客户端来实现分布式读/写,因此 Redis 适合的场景主要局限在较小数据量的高性能操作和运算上。

Redis 由于其超高速的读/写性能,在 Web 应用方面拥有广大的用户,其中包

---

① 指由美国国家标准协会(ANSI)、国际标准化组织(ISO)推出的关于 C 语言的标准 ANSI C。

② Redis. [2016-11-26]. http://redis.io/.

③ Redis Cluster. [2016-11-26]. https://redis.io/topics/cluster-tutorial.

括一些著名的公司如 Twitter、GitHub、新浪和暴雪娱乐，以及新兴的基于社会化网络的 Pinterest、Instagram 等。

我们知道，对于内存数据库，最为关键的一点是保证数据的高可用性[①]，所以本节主要关注 Redis 的数据副本维护策略。应该说，Redis 在发展过程中更强调单机系统读/写性能和系统的使用便捷性，在高可用性方面一直做得不太理想。下面我们以 2.8 版的 Redis 为例来介绍 Redis 数据副本维护策略。图 4-19 展示了 Redis 的副本维护策略。

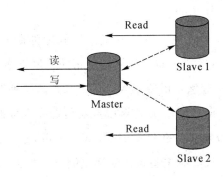

图 4-19　Redis 的副本维护策略

从图 4-19 可见，系统中唯一的 Master 负责数据的读/写操作，可以有多个 Slave 来保存数据副本，副本数据只能读而不能做数据更新操作。Slave 初次启动时，从 Master 获取数据，在数据复制过程中，Master 是非阻塞的，即同时可以支持读/写操作。Master 采用快照加增量的异步方式完成数据的复制过程，首先在时刻 T 将内存数据写入本地快照文件，同时在内存中记录从 T 时刻起新增的数据操作，当快照文件生成结束后，Master 将文件传给 Slave，Slave 先将其保存为本地文件，然后再把它加载入内存。之后，Master 对 T 时刻后的数据做变更操作，以命令流的形式将其传给 Slave，Slave 顺序执行命令流，这样就使得数据和 Master 保持同步。

2.8 版之前的版本，如果 Master 和 Slave 之间的连接因某种原因中断，Slave 再次和 Master 建立连接后需要完整地重新复制一遍数据。2.8 版对此进行了改

① 　Redis Cluster. [2016-11-26]. https://redis.io/topics/cluster-tutorial.

进,支持增量更新。Master 在内存中维护命令流记录,同时,Master 和 Slave 都记载了上次复制时的命令流地址(Offset)。当 Slave 重新连接 Master 时,Master 可以根据地址偏移量将增量更新传递给 Slave。

由于 Redis 的主从复制采用异步方式,所以 Master 接收到数据更新操作与 Slave 接收到数据副本有一个时间差,这样如果 Master 发生故障可能会导致数据丢失。另外,因为 Redis 并未支持主从自动切换,如果 Master 发生故障,此时系统对外表现为只读不能写入。从这些状况可以看出,即使是最新版本的 Redis,其数据可用性也是存在较大缺陷的。

尽管 Redis Cluster 是专注于解决多机集群问题的版本,但是进展较为缓慢,至 2015 年才有正式版本发行。而且从目前发布的集群方案规范来看,在数据分片策略方面 Redis Cluster 应该是借鉴了 Membase 的"虚拟桶"思想,将记录主键空间哈希映射成 16384 个数据槽(Slot),每台服务器负责一定数据槽范围内的数据。至于其高可用方案则和 2.8 版本的 HA(High Available,高可用性集群)思路基本一致,只是增加了 Master 故障时主备自动切换机制。一方面由于主备数据之间仍旧采用异步同步机制,所以 Master 在出现故障时仍有丢失数据的可能,这可能是 Redis 的作者出于不牺牲写性能而做出的设计取舍。另一方面,在主备切换时,尽管基本思路很简单,即当 Master 发生故障时,负责其他数据分片的多个 Master 投票,从若干个 Slave 机器中选出一个 Slave 作为新的 Master,不过其整个投票机制复杂且不够优雅。其实在这里如果引入 ZooKeeper,也是能简单而优雅地实现主备自动切换的,对此感兴趣的读者可以考虑一下使用 ZooKeeper 实现 Redis 的主备自动切换机制。

在实际使用 Redis 时,很多场景对数据高可用性有较高要求,那么在现有 Redis 版本下如何自助实现系统高可用呢? 一种常见的解决思路是使用 Keepalived 结合虚拟 IP 来实现 Redis 的 HA 方案。Keepalived 是软件路由系统,主要用来为应用系统提供简洁强壮的负载均衡方案和通用高可用方案。使用 Keepalived 实现 Redis 高可用方案思路如下。①

---

① 张伟. 通过 Keepalived 实现 Redis Failover 自动故障切换功能. [2016-11-23]. http://blog. csdn. net/javastart/article/details/41013487.

首先,在两台(或者多台,机制类似)服务器上分别安装 Redis 并设置成一主一备。

其次,Keepalived 配置虚拟 IP 和两台 Redis 服务器 IP 的映射关系,这样,对外统一采用虚拟 IP,虚拟 IP 和真实 IP 的映射关系及故障切换由 Keepalived 来负责。当 Redis 服务器都正常时,数据请求由 Master 负责,Slave 只需从 Master 同步数据;当 Master 发生故障时,Slave 接管数据请求,同时关闭主从复制功能以避免 Master 再次启动后 Slave 数据被清掉;在发生故障的 Master 恢复正常后,首先从 Slave 同步数据以获得最新的数据情况,然后关闭主从复制功能并恢复 Master 身份,与此同时 Slave 恢复其 Slave 身份。[①]

这种方式可以在某种程度上提供高可用方案,但是切换过程往往时间过长(若干秒),在此期间数据可用性仍然成问题,而且在切换期间存在数据丢失的可能,所以不是理想的高可用方案,适合对高可用要求不是特别高且容忍数据丢失的缓存应用场景。

通过以上方式即可在某种程度上实现 Redis 的 HA 功能,当然,这仍然无法解决由 Redis 主备之间异步同步而可能造成的数据丢失问题。

二、RAMCloud

RAMCloud 是斯坦福大学提出的大规模集群下的纯内存 KV(Key-Value)数据库系统,最大的特点是读/写效率高,其设计目标是在数千台服务器规模下读取小对象的速度能够达到 5~10 纳秒,这种速度是目前常规数据中心存储方案性能的 50~1000 倍。[②]

RAMCloud 在提升系统性能的基础上,重点关注数据的持久化与保证数据高可用性措施。为了节省系统成本,它只在服务器内存放置一份原始数据,同时将数据备份存储在集群其他服务器的外存中,以此达到数据的持久化与安全性并兼顾整体存储成本。另外采用了极为复杂的手段来尽可能保证系统的高可用性,但是

---

① 张伟. 通过 Keepalived 实现 Redis Failover 自动故障切换功能. [2016-11-23]. http://blog. csdn. net/javastart/article/details/41013487.

② Ongaro D,Rumble S M,Stutsman R,et al. Fast crash recovery in RAM Cloud. Cascais: Proceedings of the 21rd ACM Symposium on Operating Systems Principles,2011.

其设计思路是有明显缺陷的。下面讲解 RAMCloud 的整体架构及其对应的优缺点。

RAMCloud 的整体架构如图 4-20 所示。

由图 4-20 可见，存储服务器由高速网络连接，每台存储服务器包含两个构件：Master 和 Backup。Master 负责内存 KV 数据的存储并响应客户端读/写请求，Backup 负责在外存存储管理其他服务器节点内存数据的数据备份。每个 RAMCloud 集群内包含唯一的管理节点，被称为协调器(Coordinator)。协调器记载集群中的一些配置信息，比如各个存储服务器的 IP 地址等，另外还负责维护存储对象和存储服务器的映射关系，即某个存储对象是放在哪台服务器的。RAMCloud 的存储管理单位是子表，即若干个主键有序的存储对象构成的集合，所以协调器记载的其实是子表和存储服务器之间的映射关系。为了提高读/写效率，客户端在本地缓存一份子表和存储服务器的映射表，当有对应数据读/写请求时，直接从缓存获取记录主键所在的存储服务器的地址，然后直接和存储服务器进行交互，这样也能有效地减轻协调器的负载。[①] 但是这会导致以下问题：当子表被协调器迁移后，客户端的缓存映射表会过期。RAMCloud 的解决方案为：当客户端发现读取的记录不在某台存储服务器中时，说明本地缓存过期，此时可以从协调器重新同步一份最新的映射表，之后可以重新对数据进行操作。

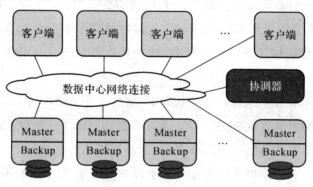

图 4-20　RAMCloud 的整体架构

① Ousterhout J, Agrawal P, Erickson D, et al. The case for RAMClouds: Scalable high-performance storage entirely in DRAM. ACM SIGOPS Operating Systems Review, 2010, 43(4): 92-105.

应该说 RAMCloud 的整体架构还是很简洁明晰的,其复杂性体现在数据副本管理及数据快速恢复机制上。因为 RAMCloud 由几千台存储服务器构成,所以随时都有可能有某台存储服务器发生故障,此时会导致该存储服务器内存中的对象不可访问。

三、Membase

Membase 是集群环境下的内存 KV 数据库,目前已更名为 Couchbase。Membase 是由 NorthScale、Zynga 合作建立的项目,NorthScale 是广泛使用的缓存系统 MemCached 的制造商,Zynga 则是著名的社交游戏开发商。Membase 源于 Zynga 的实际需求:在社交游戏环境下,需要高速、可靠且支持高吞吐量的存储系统,尤其是对写操作的效率要求很高。Membase 就是在这种需求背景下产生的,其兼容 MemCached 协议,由 C、C＋＋、Erlang 和 Python 混合语言写成。

Membase 的整体架构如图 4-21 所示。Membase 通过"虚拟桶"的方式对数据进行分片,其将所有数据的主键空间映射到 4096 个虚拟桶中,并在"虚拟桶映射表"中记载每个虚拟桶主数据及副本数据的机器地址,Membase 对虚拟桶映射表的更改,采用两阶段提交协议的方式来保证其原子性。

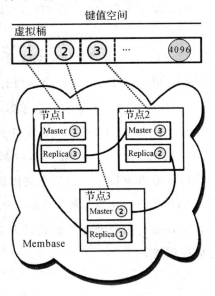

图 4-21　Membase 的整体架构

Membase 中的所有服务器都是平等的,并不存在一个专门进行管理功能的 Master 服务器,但是其数据副本管理采用了 Master/Slave 模式。每个虚拟桶有一台服务器作为主数据存储地,这台服务器负责响应客户端请求,副本存放在其他服务器内存中,其副本个数可以通过配置来指定。

客户端在本地缓存一份虚拟桶映射表,通过哈希函数以及这个映射表可以直接找到主数据及副本数据的机器地址。客户端直接和存放主数据的服务器建立联系来读/写数据,如果发现连接上的服务器不是这个记录的主数据服务器,说明本地的虚拟桶映射表过期,则重新同步一份数据后再次发出请求。如果是读请求,则主数据服务器可以直接响应请求。如果是写请求,则主数据服务器以同步的方式将写请求转发给所有备份数据服务器,如果所有备份数据写成功则写操作成功完成。因为是同步写,所以可以保证数据的强一致性。

所有服务器上都会有一个负责相互监控的程序,如果监控程序发现某个虚拟桶主数据发生故障,则开始主从切换过程:首先从其他存有备份数据的服务器中选择一个,以其作为这个虚拟桶新的主数据存储地,之后所有对该虚拟桶的请求由其接管响应;然后,更新虚拟桶映射表,将旧的主数据服务器标为失效,并标明新选出的服务器,将其作为主数据存储地,然后以广播方式将新的虚拟桶映射表通知给所有其他节点;当发生故障的服务器再次启动加入集群时,其同步更新内存数据并将自身设定为虚拟桶的副本。

从以上内容可以看出,Membase 作为内存 KV 数据库,从架构设计上有比较完善的系统高可用性保障措施,但是这种方式的缺点是所有副本数据放在内存,所以存储成本较高。笔者认为一种可能的改进措施可以考虑:在目前 Membase 方案基础上集成 LSM 树(Log-Structured Merge-Tree,日志结构合并树)存储系统,比如 LevelDB,将副本数据写入其他节点的 LevelDB 中,LSM 树存储系统具有高效写入特性,所以系统的整体写入效率有保证。当某个虚拟桶主数据服务器发生故障时,可以选择某个备份 LevelDB 节点作为主数据来响应用户请求,同时在其他服务器内存重建虚拟桶数据,建好后再次将新建数据设置为主数据。这样既能够实现系统的高可用,也能降低存储成本。

大数据处理

从数据的处理方式来说,大数据处理可以分为批处理和流式计算(Stream Processing)。批处理是指数据到来后并不立即予以处理,而是累积到一定量后才进行处理。流式计算指的是数据在源源不断地产生,并且数据一到来就立即进行处理的计算模式。数据资源的处理技术发展到一定程度后,催生了便携交互式数据分析系统。本章重点介绍大数据的两种处理方式——批处理和流式计算,以及交互式数据分析系统的架构。

第一节 批处理

大数据计算中一类最常见的计算任务即为批处理。现代批处理计算系统的设计目标一般包括数据吞吐量大,系统能灵活水平扩展,能处理极大规模数据,具有极强的容错性、应用表达的便捷性和灵活性等,而非流式计算系统强调的处理的实时性等特性。现代大数据处理系统的发展趋势是成为特定应用领域设计的专用系统,而非追求建立全能而各方面表现平庸的大一统系统,只有这样才能针对领域特定的目标做有针对性的优化与设计上的取舍,在重要特性上追求最优。

2004 年谷歌发表了关于 MapReduce 计算范型及其框架的论文,MapReduce 计算范型是一种典型的批处理计算范型。随着 Hadoop 的日渐流行,这种计算机制已经在很多领域获得了极为广泛的应用。尽管 2009 年左右以 Stone Braker 为首的并行数据库领域专家对 MapReduce 模型提出了质疑并引发了与 Jeff Dean 等人的技术争论,但是最终的结论是 MapReduce 和 MPP 各有优劣且两者有一定互补和相互学习之处。与传统的 MPP 架构相比,MapReduce 更适合非结构化数据的 ETL 处理类操作,且其可扩展性及容错性明显占优,但是单机处理效率较低。

虽然 MapReduce 提供了简洁的编程接口及完善的容错处理机制,使得大规模并发处理海量数据成为可能,但从发展趋势看,将相对复杂的任务转换为 MapReduce 任务的开发效率还是不够高,所以其有逐步被封装到下层的趋势,即在上层系统提供更为简洁方便的应用开发接口,而在底层由系统自动转换为大量 MapReduce 任务,这一点值得读者关注。

一、MapReduce 计算概念

MapReduce 分布式计算框架最初是由谷歌公司于 2004 年提出的,它不仅仅是一种分布式计算模型,同时也是一整套构建在大规模普通商业 PC(成千台机器)之上的批处理计算框架。这个计算框架可以处理以 PB 计的数据,并提供了简易应用接口,将系统容错以及任务调度等设计分布式计算系统时需考虑的复杂问题的解决方案很好地封装在内,使得应用开发者只需关注业务逻辑本身即可轻松完成相关任务。

(一)Map 函数

Map 函数的输入数据是由任务节点分配的预先已分割成固定大小的数据片段(Splits),也就是数据节点上的一个数据块(默认是 64MB)。这个数据片段是由任务节点将其变为一组⟨Key, Value⟩键值对逐条传递给 Map 函数的,这组键值对叫作源键值对。

Hadoop 会为每一个 Split 创建一个 Map 任务,这个任务是调用 Map 函数对源键值对的键和值按程序定义的规则进行处理,生成中间键值对。比如,取出源键值对值中的一个单词作为中间键值对键,将单词在值中的出现次数作为值。如果将源键值对抽象地看作⟨$K1, V1$⟩,那么中间键值对会被抽象地看作⟨$K2, V2$⟩。Map 函数的数据流模型如图 5-1 所示。

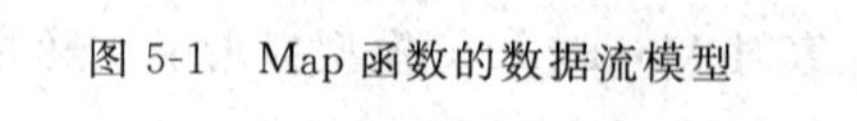

$$\langle K1,\ V1 \rangle \longrightarrow \boxed{\text{Map函数}} \longrightarrow \langle K2,\ V2 \rangle$$

图 5-1　Map 函数的数据流模型

对于中间结果,可以指定另一个处理函数进行排序处理,这个处理函数叫 Combine。其处理的输入是⟨$K2, V2$⟩,也就是 Map 函数的输出,处理方法是将 $K2$

值相同的 $V2$ 值组合成一个数组,形成〈$K2$,[$V2$-1,$V2$-2,…]〉的键值对。这就形成了 Map 阶段最终端的输出键值对。

在这里要注意 Map 阶段、Map 任务、Map 函数、Combine 函数四者的不同。Map 阶段是由 Map 函数调用活动和 Combine 函数活动按先后时序构成的一个活动阶段;Map 任务是调用 Map 函数的组织工作,是分布式作业系统通过驱动 Map 任务来调用 Map 函数的;Map 函数是指对源键值对的处理函数。Combine 函数是指对 Map 函数的输出结果进行组合的函数。

(二)Reduce 函数

Reduce 函数的输入数据是由任务节点把不同 Map 任务输出的中间数组整合起来并进行排序而产生的,然后调用用户自定义的 Reduce 函数,对输入的〈$K2$,[$V2$-1,$V2$-2,…]〉键值对进行处理,得到键值对〈$K3$,$V3$〉,并将结果输出到 HDFS 上。〈$K3$,$V3$〉又叫目标键值对。Reduce 函数的数据流模型如图 5-2 所示。

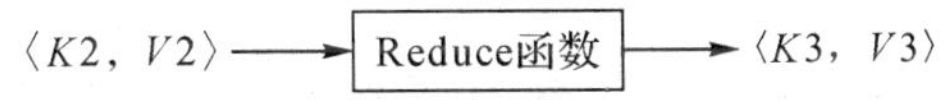

$$\langle K2,V2\rangle \longrightarrow \boxed{\text{Reduce函数}} \longrightarrow \langle K3,V3\rangle$$

图 5-2　Reduce 函数的数据流模型

如果说 Map 任务的数量是由数据分片的多少来决定的,那么 Reduce 任务的数量是由谁来决定的呢? 这是由 mapred-site. xml 配置文件中的 mapred. reduce. tasks 的属性值来决定的,该属性值的默认值是 1。开发人员可以通过调整配置文件或应用 job-setNumReduceTasks 方法进行设定。

将 Map 任务输出的中间数组整合起来的工作称为 Shuffle 过程,它将输出的结果按照 Key 值分成 N 份(N 是 Reduce 的任务数),其划分方法采用哈希函数,如"hask(key)mod N"。这样可以保证某一范围内的 Key 由统一的 Reduce 来集中处理。

同 Map 函数一样,Reduce 函数也要注意 Reduce 阶段、Reduce 任务、Reduce 函数这三者的不同。Reduce 阶段是由 Shuffle 函数调用活动和 Reduce 函数活动按先后时序构成的一个活动阶段;Reduce 任务是调用 Reduce 函数的组织工作,是分布式作业系统通过驱动 Reduce 任务来调用 Reduce 函数的;Reduce 函数是指对中间键值对的处理函数。

(三)键值对

〈Key,Value〉是键值对,Key 本质上是一个广义数组的下标,而 Value 是一个广义数组下标对应的值,所以可以把键值对理解成一个数组的下标和值。键值对是原始数据、中间数据到目标数据的一种描述方式,这种方式去掉了数组名和数组值的型,只留下其关键的部分。这种方式具有以下优点:一是可以使MapReduce 这种分布式编程模型适合非结构化、结构化、半结构化的开发,不用受到值类型的约束;二是也符合分布式作业系统遵循好莱坞法则的设计思想,无论是什么样的 MapReduce 应用,其对外传入、传出参数的方式都一样,而不同的键和值都由封装在内部的 MapReduce 函数来处理;三是编程模式非常简单,各阶段的处理数据无论是否有键,也无论是否有值,对于分布式作业系统和 MapReduce 来说,都不用改变处理规则。

在 MapReduce 处理阶段中键值对分为源键值对、中间键值对、中间集合键值对和目标键值对四种类型。

(1)源键值对是由分布式作业系统基于数据节点上的数据块生成的键值对。其键可以是内容的位置序号,也可以是数据块本身已有的键。键值的生成方式可以在 MapReduce 提交任务时指定。

(2)中间键值对是 Map 函数处理后的键值对,其键和值将根据 Map 定义的规则来生成。

(3)中间集合键值对是由 Map 阶段的 Combine 函数基于中间键值对按照 Key 值相同的原则进行集合归类生成的。这样可以减少传输数据量和网络带宽的消耗。

(4)目标键值对是 Reduce 函数处理后的键值对,其键和值将根据 Reduce 的定义规则来生成。

二、MapReduce 计算模型及系统架构

MapReduce 计算模型可以说是大数据处理的核心算法,也是 Hadoop MapReduce 的核心。[①] 追溯其源头,对 MapReduce 计算模型最早的描述来自 Google 公司的

---

① Lee K H,Lee Y J,Choi H,et al. Parallel data processing with MapReduce:A survey. ACM SIGMOD Record,2011,40(4):11-20.

Jeffrey Dean 和 Sanjay Ghemawat 于 2004 年发表的论文"MapReduce：Simplified Data Processing on Large Clusters"。在这篇论文里，两位作者介绍了 Google 公司面临的挑战，MapReduce 计算模型的语义和 Google 公司 MapReduce 的实现，以及 MapReduce 在 Google 公司的应用。

（一）MapReduce 计算模型

论文一开始就提到了 Google 公司遇到的挑战：在其发展过程中，Google 公司内部开发了一系列专用程序来处理各种各样的大数据问题，这些程序的输入量都极为庞大，计算往往是分布式的，需要在多个节点上进行。[①] 这就要求程序的实现者去处理与分布式计算相关的种种让人头疼的问题，比如，如何使计算并行化，如何处理失败等。这些问题让原本简单直接的任务变得复杂，而 MapReduce 计算模型的提出，则是 Google 公司对自己所面临的问题进行分析和总结后所做的一次天才的抽象。

简言之，通过对 MapReduce 的应用，Google 公司把自己面临的分布式计算问题带来的复杂度解耦成两个部分：

（1）经 MapReduce 计算模型抽象的计算任务。

（2）支持 MapReduce 的分布式计算框架。

通过这种抽象，业务逻辑的实现者只需要按照 MapReduce 计算模型来实现自己的业务逻辑，并不需要关心分布式计算所带来的种种问题。计算框架则会考虑分布式计算的种种挑战，由那些有经验的精通分布式计算的程序员来实现。[②] 这样就大大降低了分布式开发的门槛，使得人们的精力能更加专注于具体的需求，也让大数据处理成为可能。

从另一个方面来说，MapReduce 又是实现"分而治之"思想的一个极好的例子。MapReduce 计算模型并不是一个普适的分布式计算模型，批评者说，MapReduce 只能处理所谓的小儿科分布式问题。换言之，MapReduce 能处理的问题，任务与数

---

① Tez. ［2016-11-24］. http：//tez. incubator. apache. org/.

② Dean J，Ghemawat S. MapReduce：Simplified data processing on large clusters. San Francisco：Proceedings of the 6th Conference on Symposium on Operating Systems Design and Implementation，2004.

据之间并不存在强依赖关系。这样就很适合把任务分成一系列子任务,然后对子任务的结果进行合并。虽然并不是所有的分布式任务都可以这么分解,但幸运的是,可以这么做的任务还真不少。Google 的 MapReduce 计算模型框架架构如图 5-3 所示。

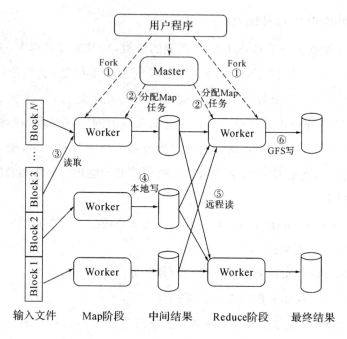

图 5-3　Google 的 MapReduce 计算模型架构

由图 5-3 可见,当用户程序执行 MapReduce 提供的调用函数时,其处理流程如下。

(1)MapReduce 框架将应用的输入数据切分成 N 个数据块,典型的数据块大小为 64MB,然后可以启动位于集群中不同机器上的若干程序。

(2)这些程序中有一个全局唯一的主控 Master 程序以及若干个工作程序(Worker),Master 负责为各个 Worker 分配具体的 Map 任务或者 Reduce 任务并做一些全局管理工作。整个应用有 N 个 Map 任务和 R 个 Reduce 任务,N 和 R 具体的值可以由应用开发者指定。Master 将任务分配给处于空闲状态的 Worker 程序。

(3)被分配到 Map 任务的 Worker 读取对应的数据块内容,从数据块中解析出

Key/Value 记录数据并将其传给用户自定义的 Map 函数,Map 函数输出的中间结果 Key/Value 数据在内存中缓存。

(4)缓存的 Map 函数产生的中间结果被周期性地写入本地磁盘,每个 Map 函数的中间结果在写入磁盘前被分割函数(Partitioner)切割成 R 份,R 是 Reduce 的个数。这里的分割函数一般是用 Key 对 R 进行哈希取模,这样就将 Map 函数的中间数据分割成 R 份,对应每个 Reduce 函数所需的数据分片临时文件。Map 函数完成对应数据块的处理后,将其 R 个临时文件的位置通知 Master,再由 Master 将其转交给 Reduce 任务的 Worker。

(5)当某个 Reduce 任务 Worker 接收到 Master 的通知时,其通过 RPC 远程调用将 Map 任务产生的 N 个属于自己的数据文件(即 Map 分割函数取模后与自己编号相同的那份分割数据文件)远程拉取(Pull)到本地。[①] 从这里可以看出,只有所有 Map 任务都完成时 Reduce 任务才能启动,也即 MapReduce 计算模型中在 Map 阶段有一个所有 Map 任务同步的过程,只有同步完成才能进入 Reduce 阶段。当所有中间数据都拉取成功时,Reduce 任务则根据中间数据的 Key 对所有记录进行排序,这样就可以将具有相同 Key 的记录顺序聚合在一起。这里需要强调的是,Reduce 任务从 Map 任务获取中间数据时采用的是拉取方式而非由 Map 任务将中间数据推送(Push)给 Reduce 任务,这样做的好处是可以支持细粒度容错。假设在计算过程中某个 Reduce 任务失效,那么对于采用 Pull 方式的任务来说,只需要重新运行这个 Reduce 任务即可,无须重新执行所有的 Map 任务。而如果是 Push 方式,这种情形下只有所有 Map 任务都被重新执行才行。因为 Push 是接收方被动接收数据的过程,而 Pull 则是接收方主动接收数据的过程。

(6)Reduce 任务的 Worker 遍历完中间结果 Key 并排序后,将同一个 Key 及其对应的多个 Value 传递给用户定义的 Reduce 函数,Reduce 函数执行业务逻辑后将结果追加到这个 Reduce 任务对应的结果文件末尾。

(7)当所有 Map 和 Reduce 任务都成功执行完成时,Master 便唤醒用户的应用

---

① Miner D, Shook A. MapReduce Design Patterns: Building Effective Algorithms and Analytics for Hadoop and Other Systems. O'Reilly Media Inc. ,2012.

程序,此时,MapReduce调用结束,进入用户代码执行空间。

为了优化执行效率,MapReduce计算框架在Map阶段还可以执行可选的Combiner操作。所谓Combiner操作,是在Map阶段执行的,将中间数据中具有相同Key的Value值合并的过程,其逻辑一般和Reduce阶段的逻辑是相似的,和Reduce的区别是其在Map任务本地产生的局部数据上操作,而非像Reduce任务一样在全局数据上操作。这样做的好处是可以大大减少中间数据,于是就降低了网络传输量,提高了系统效率。比如在上文的单词计数的例子中,如果Map阶段的中间结果数据中对单词进行了Combiner操作,则对某个单词来说,网络只需传输一个〈Key,Value〉数值即可,而无须传输Value个〈Key,1〉,这明显大大降低了网络传输量。[①] Combiner一般也作为与Map和Reduce并列的用户自定义函数接口的方式存在。

(二)MapReduce的开源实现Hadoop MapReduce

Google公司关于MapReduce的论文发表以后,引起了强烈反响。这篇论文虽然揭露了大量技术细节,但是Google公司并没有开源其MapReduce的实现。不过论文提供的信息已经够丰富了。开源社区的人们跃跃欲试,纷纷试图提供自己的MapReduce实现。大浪淘沙过后,Hadoop脱颖而出,成为开源MapReduce实现的事实标准和大数据处理的基石。

Hadoop的历史要从Nutch项目说起。Nutch是Apache Lucene项目的一个子项目,Nutch雄心勃勃,试图建立一个开源的搜索引擎框架,从而可以用来取代Google等公司的商业化产品。显而易见,Nutch项目在开发过程中遇到了Google公司碰到的类似问题:如何在分布式环境下处理大数据。当Google公司发表了关于MapReduce和GFS的论文以后,Nutch项目的创始人Doug Cutting立即意识到这其中的巨大价值,并着手实现开源的MapReduce和GFS。2006年,Yahoo公司聘用了Doug Cutting,组织了一个团队专门改进Hadoop。

2011年年底,Hadoop正式发布了1.0版,标志着其在各方面,尤其是在生态模式方面的成熟。1.0版发布以后,社区又开始在此基础上进行改进,大量的新特性被一一引入,尤其是整个MapReduce框架被重新实现,新版的MapReduce框架

---

① Lublinsky B. MapReduce patterns, algorithms, and use cases. (2012-02-01)[2016-12-11]. http://highlyscalable. wordpress. com/2012/02/01/mapreduce-patterns/.

叫作 Yarn,功能更加强大和灵活,并且能支持各种不同的计算模型,尤其值得期待。Hadoop 1.0 系统的架构如图 5-4 所示。

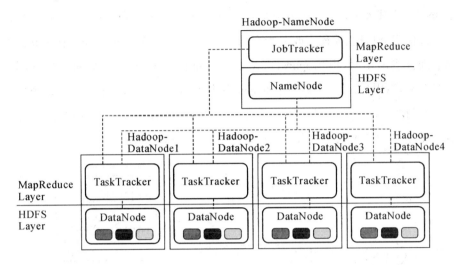

图 5-4　Hadoop 1.0 系统架构

在同一个集群里,Hadoop MapReduce 和 Hadoop HDFS 是共存的。MapReduce 的主控制程序称为 JobTracker(MapReduce 的主控制程序和 HDFS 的主控制程序都是资源消耗大户,其往往部署在不同的机器上),其功能主要有两大部分:集群资源管理和 MapReduce 任务状态维护。

在每个从节点上,同时运行着 HDFS 和 MapReduce 的服务程序 DataNode 和 TaskTracker。通过这种方式,可以方便地支持计算的本地性。MapReduce 的服务程序 TaskTracker 主要负责从 JobTracker 处领取任务,并创建 MapReduce 任务实例,同时向 JobTracker 汇报自己的状态。

一个 Hadoop 集群往往由数量庞大的节点组成,对资源的有效利用是运营 Hadoop 要考虑的问题之一。为此,Hadoop 提供了可插入的系统资源调度机制,用户可以选择合适的资源调度器,最大限度地提高系统的使用率。被广泛使用的资源调度器有来自 Facebook 公司的 FairScheduler 和来自 Yahoo 公司的 Capacity Scheduler。

Hadoop 1.0 遇到的一个突出问题就是系统的可扩展性。由于 JobTracker 身兼两职,同时管理集群资源和任务状态,系统节点和任务数达到一定数量后,就力不从心了。根据估算,当系统的通信端点超过 2000 节点时,现有的 JobTracker 将不再能满足要求。

为了解决这一问题,社区重新设计和实现了 MapReduce 框架,新的 MapReduce 框架为 Yarn,它的出现彻底解决了 MapReduce 的可扩展性问题。此新的架构即是 Hadoop 2.0 版本,图 5-5 为其系统架构。在新架构中,JobTracker 原来的功能被一分为二,集群管理功能被保留,但是主控程序改名为 ResourceManager。而 MapReduce 任务状态维护的功能则被剥离出来,由 ApplicationMaster 来维护。ApplicationMaster 将不再运行在主节点上,当用户提交一个 MapReduce 任务时,ResourceManager 将为这个任务创建一个专门的 ApplicationMaster 来管理这个任务。由图 5-5 可以看到,当系统中存在多个任务时,每个任务都有属于自己的 ApplicationMaster。

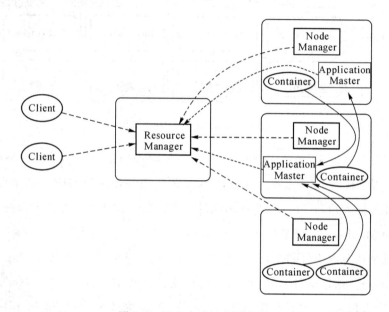

图 5-5　Hadoop 2.0 系统架构

三、MapReduce 计算的特点及不足

MapReduce 计算模型和框架具有很多优点。首先,它具有极强的可扩展性,可以在数千台机器上并发执行任务。[1] 其次,它具有很好的容错性,即使集群机器

---

[1]　Chambers C, Raniwala A, Perry F, et al. Flume Java: Easy, efficient data-parallel pipelines. Toronto: Proceedings of the 31st ACM SIGPLAN Conference on Programming Language Design and Implementation, 2010.

发生故障,一般情况下也不会影响任务的正常执行。最后,它具有简单性,用户只需要完成 Map 函数和 Reduce 函数即可完成大规模数据的并行处理。

一般认为,MapReduce 的缺点包括:无高层抽象数据操作语言、数据无 Schema 及索引、单节点效率低下、任务流描述方法单一等。其中,前两个缺点其实并不能认为是其真正的缺点,因为其设计初衷就是高吞吐、高容错的批处理系统,所以不包含这两个特性是很正常的。在目前的大数据处理架构范型下,试图构造满足所有类型应用各种不同特性要求的处理系统是不现实也不明智的,较好的发展思路是对特定领域制定特定系统。这样可以在系统设计时充分强调领域特色的专用设计,以使其效率达到最优,而不是去追求大而全但是各方面表现都平庸的系统。至于后两个缺点确实是客观存在的,对于任务流描述单一这个问题,可以考虑将其拓展成更为通用的 DAG(Database Availability Group,数据库可用性组)计算模型来解决。

从上述 MapReduce 架构及其运行流程描述中也可以看出,将其作为典型的批处理计算模型的原因。MapReduce 运算机制的优势是数据的高吞吐量、支持海量数据的大规模并行处理、细粒度的容错,但是并不适合对时效性要求较高的应用场景,比如交互式查询或者流式计算,也不适合迭代运算类的机器学习及数据挖掘类应用,主要原因有以下两点。

(1)其 Map 和 Reduce 任务启动时间较长。因为对于批处理任务来说,相对后续任务执行时间,其任务启动时间所占比例并不大,所以这不是问题,但是对于时效性要求高的应用,其启动时间与任务处理时间相比,启动时间占比太高,明显很不合算。[①]

(2)在一次应用任务执行过程中,MapReduce 计算模型存在多处的磁盘读/写及网络传输过程。比如初始的数据块读取、Map 任务的中间结果输出到本地磁盘、Shuffle 阶段网络传输、Reduce 阶段磁盘读及 GFS 写入等。对于迭代类机器学习应用来说,往往需要反复迭代执行同一个 MapReduce 任务,此时磁盘

---

① Isard M, Budiu M, Yu Y, et al. Dryad: distributed data-parallel programs from sequential building blocks. Lisbon: Proceedings of the 2nd ACM SIGOPS/EuroSys European Conference on Computer Systems, 2007.

读/写及网络传输开销需要多次反复进行，这便是导致其处理这种任务效率低下的重要原因。

第二节　流式计算

在很多实时应用场景中，比如实时交易、实时诈骗分析、实时广告推送、实时监控、社交网络实时分析等，数据量大，实时性要求高，而且数据源是实时不间断的。新到的数据必须马上处理完，不然后续的数据就会堆积起来，永远也处理不完。反应时间通常要求在秒级以下，甚至是毫秒级，这就需要一个高度可扩展的流式计算解决方案。

流式计算就是为实时连续的数据类型而准备的。在数据不断变化的运动过程中实时地进行分析，捕捉到可能对用户有用的信息，并把结果发送出去。在整个过程中，数据分析处理系统是主动的，而用户却是处于被动接收的状态，如图 5-6 所示。

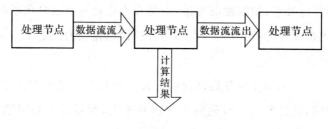

图 5-6　流式计算过程

一、流式计算的概念与特点

(一)流式计算的概念界定

其实，"流式计算"并非最近几年才出现的概念，它已经存在较长的时期，虽然早期的流式计算可以被看作是当前流行的流式计算的先导，但其概念的内涵和目前比较流行的流式计算含义有着明显的差异。我们可以将早期的流式计算和当前的流式计算系统分别称为连续查询处理类和可扩展数据流平台类计算系统。

连续查询处理往往是数据流管理系统(Data Stream Management System，DSMS)

必须要实现的功能,一般用户输入 SQL 查询语句后,数据流按照时间先后顺序被切割成数据窗口,DSMS 在连续流动的数据窗口中执行用户提交的 SQL 语句,并实时返回查询结果。著名的连续查询处理类计算系统包括 STREAM、StreamBase、Borealis、Aurora、Telegraph 等,这类系统往往会为用户提供 SQL 查询接口来对流数据进行挖掘。

可扩展数据流平台类计算系统与此不同,其设计初衷是模仿 MapReduce 计算框架的思路,即在对处理时效性有高要求的计算场景下,如何提供一个完善的计算框架,并暴露给用户少量的编程接口(对 MR 来说就是 Map 和 Reduce 处理逻辑接口),使得用户能够集中精力处理应用逻辑。至于系统性能、低延迟、数据不丢失以及容错等问题,则由计算框架来负责,这样能够大大增强应用开发的生产力。[1] 此类流式计算系统中著名的当属 Yahoo 的 S4 和 Twitter 的 Storm 系统。

本节所讲述的内容主要集中在第二类,即可扩展数据流平台类流式计算框架,后文提到的流式计算除非明确指出,否则都是指这类系统。

(二)流式计算的特点

与批处理计算系统、图计算系统等相比,流式计算系统有其独特性。优秀的流式计算系统应该具备以下特点。

1. 记录处理低延迟

对于可扩展数据流平台类的流式计算系统来说,从原始输入数据进入流式系统,再流经各个计算节点后抵达系统输出端,整个计算过程所经历的时间越短越好,主流的流式计算系统对于记录的处理时间应该在毫秒级。[2] 虽然有些流式计算应用场景并不需要如此低的计算延迟,但很明显,流式系统计算延迟越低,其应用场景越广泛。

2. 极佳的系统容错性

目前大多数的大数据处理问题,一般会采用大量普通的服务器甚至台式机来

---

① Whittle S, Whittle S, Whittle S, et al. MillWheel: Fault-tolerant stream processing at internet scale. Proceedings of the VLDB Endowment, 2013, 6(11): 1033-1044.

② Tutorial. [2016-09-12]. https://github.com/nathanmarz/storm/wiki/Tutorial.

搭建数据存储与计算环境,尤其在物理服务器成千上万的情形下,各种类型的故障经常发生,所以应该在系统设计阶段就将其当作一个常态,并在软件和系统层面上能够容忍故障的常发性。

对流式计算系统来说,这点很关键,如果流式系统因为机器的物理故障产生数据或者计算状态丢失的问题,那么很多计算如聚集类(Aggregation)或者 Join 类操作都可能产生错误的计算结果,这是不能被接受的。另外,如果因为机器故障导致整个系统的处理性能下降,也会严重影响流式计算系统的处理实时性。所以,对优秀的流式计算系统来说,保证数据不丢失、数据送达、计算状态持久化,以及快速的计算迁移和故障恢复等都是必需的要求。

3. 极强的系统扩展能力

系统可扩展性一般指当系统计算负载过高或者存储计算资源不足以应付手头的任务时,能够通过增加机器等水平扩展方式便捷地解决这些问题。流式计算系统对于系统可扩展性的要求除了常规的系统可扩展性的含义外,还有额外的要求,即在系统满足高可扩展的同时,不能因为系统规模增大而明显降低流式计算系统的处理速度。

4. 灵活强大的应用逻辑表达能力

对流式计算系统来说,应用逻辑表达能力的灵活性体现在两个方面。通常情况下,流式计算任务都会被部署成由多个计算节点和流经这些节点的数据流构成的有向无环图(DAG 图),所以灵活性的一方面就体现在应用逻辑在描述其具体的DAG 任务时,以及为了实现负载均衡而需要考虑的并发性等方面具有便捷性。灵活性的另一方面指的是流式计算系统提供的操作原语的多样性,传统的连续查询处理类的流式计算系统往往提供类 SQL 的查询语言,这在很多互联网应用场景下表达能力不足。[①] 大多数可扩展数据流平台类的流式计算框架都支持编程语言级的应用表达,即可以使用编程语言自由表达应用逻辑,而非仅仅提供少量的操作原语,比较典型的如 MillWheel、Storm 和 Samza 等系统,可以使用一种或者多种编程语言自由撰写应用逻辑,有极强的表达能力。当然也有少数现代的流式计算系统

---

① Samza. [2016-09-13]. http://samza. incubator. apache. org/.

(比如 DStream)仅提供有限的编程原语供应用使用,这是由其依赖更底层的 Spark 框架的计算机制所导致的,而这在很大程度上限制了其应用的广泛性。

二、流式计算的两大平台

(一)Storm 简介

关注大数据的有心人想必对 Storm 都不会陌生,Storm 是由来自 BackType 公司的 Nathan Marz 开发的。后来 BackType 公司被 Twitter 公司收购并开源,Storm 也随之闻名天下。[①] Storm 核心代码是利用极具潜力的函数式编程语言 Clojure 开发的,这也使得 Storm 格外引人注意。Storm 通常应用于以下三大领域:

(1)信息流处理(Stream Processing)。Storm 可以实时处理新数据和更新数据库,兼具容错性和可扩展性。

(2)连续计算(Continuous Computation)。Storm 可以进行连续查询并把结果即时反馈给客户,比如将 Twitter 上的热门话题发送到客户端。

(3)分布式远程过程调用(Distributed RPC)。Storm 可以并行处理密集查询,Storm 的拓扑结构是一个等待调用信息的分布函数,当它收到一条调用信息时,会对查询内容进行计算,并返回查询结果。

针对以上场景,Storm 设计了自己独特的计算模型,Storm 计算模型以 Topology 为单位。如图 5-7 所示,一个 Storm Topology 是由一系列 Spout 和 Bolt 构成的。

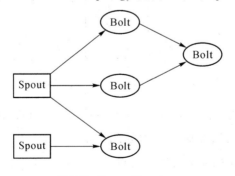

图 5-7　Storm Topology

① Condie T,Conway N,Alvaro P,et al. MapReduce online. San Jose:Proceedings of the 7th USENIX Conference on Networked Systems Design and Implementation,2010.

事件流会在构成 Topology 的 Spout 和 Bolt 之间流动。Spout 负责产生事件，而 Bolt 负责对接收到的事件进行各种处理，得出需要的计算结果。Bolt 可以级联，也可以向外发送事件（往外发送的事件既可以和接收到的事件是同一种类型的，也可以是不同类型的）。Storm 提供了一个简单的教程来展示 Spout、Bolt 都做了些什么，以及是如何被组装成一个 Topology 的。

Stream Grouping 控制着事件在 Topology 中的流动方式。如图 5-8 所示的 Storm Stream Grouping 中，Spout 有两个实例，Bolt A、Bolt B、Bolt C 分别有四个、三个、两个实例。Bolt A 的实例之一是向外送事件时，Storm Rumime 将按照用户创建 Topology 时指定的 Stream Grouping 策略把事件发送到 Bolt B 特定的实例。Storm 提供了多种 Stream Grouping 的实现，比如 Shuffle Grouping。Shuffle Grouping 可以保证事件在 Bolt 实例间随机分布，且每个实例都收到相同数量的事件。

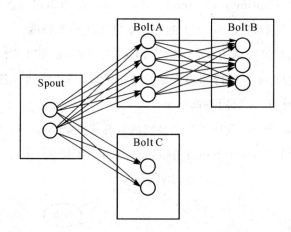

图 5-8　Storm Stream Grouping

Storm 实现了一整套机制，确保消息会被完整处理。Storm 还提供了事务 Topology，能够确保消息能而且仅被处理一次。

Storm 被广泛采用的原因有以下几点。

(1)生逢其时。MapReduce 计算模型打开了分布式计算的另一扇大门，极大地降低了实现分布式计算的门槛。有了对 MapReduce 架构的支持，开发者只需要把注意力集中在如何使用 MapReduce 的语义来解决具体的业务逻辑，而不用担心关于容错、可扩展性、可靠性等的一系列难题。① 一时间，人们拿着 MapReduce 这把"榔头"去敲各种各样的"钉子"，自然而然地，也试图用 MapReduce 计算模型来解决流处理方面的问题。而各种失败的尝试之后，人们意识到，改良 MapReduce 并不能使之适应于流处理的场景，必须发展出全新的架构来完成这一任务。② 同时，人们对传统的 CEP（Complex Event Processing，复杂事件处理）解决方案心存疑虑，认为其非分布式的架构可扩展性不够，无法通过横向扩展来满足海量的数据处理要求。这时候，Yahoo 公司的 S4 及 Twitter 公司的 Storm 恰到好处地挠到了人们的痒处。

（2）可扩展性。更加明确地说，是 Scale Out 的能力。所谓 Scale Out，简单来说就是当一个集群的处理能力不够的时候，往里面追加一些新的节点，通过计算这些新的节点来满足需要。可能的情况下，选择 Scale Out 而非 Scale Up，这个观念已经深入人心。一般来说，实现 Scale Out 的关键是无共享（Shared Nothing）架构，即计算所需要的各种状态都是自满足的，不存在对特定节点的强依赖，这样，计算就可以很容易地在节点间迁移，整个系统的计算能力不够的时候，加入新的节点就可以了。Storm 的计算模型本身是 Scale Out 友好的，Topology 对应的 Spout 和 Bolt 并不需要和特定节点绑定，可以很容易地分布在多个节点上。此外，Storm 还提供了一个非常强大的命令——Rebalance，该命令可以动态调整特定 Topology 中各组成元素（Spout/Bolt）的数量及其和实际计算节点的对应关系。

（3）系统可靠性。Storm 这个分布式流计算框架是建立在 ZooKeeper 的基础上的，大量系统运行状态的元信息都序列化在 ZooKeeper 中。这样，当某一个节点出错时，对应的关键状态信息并不会丢失。换言之，ZooKeeper 的高可用性保证了 Storm 的高可用性。

（4）计算的可靠性。分布式计算涉及多节点/进程之间的通信和依赖，正确地维护所有参与者的状态和依赖关系是一项非常有挑战性的任务。Storm 实现了一

① Katsov I. In stream big data processing. (2014-05-16)[2016-08-11]. http://blog. csdn. net/idontwantobe/article/details/25938511

② Zaharia M，Das T，Li H，et al. Discretized streams：An efficient and fault-tolerant model for stream processing on large clusters. Boston：Proceedings of the 4th USENIX Conference on Hot Topics in Cloud Computing，2012.

整套机制,确保消息被完整处理。此外,通过 Transactional Topology、Storm 可以保证每个元组"被且仅被处理一次"。

(5)开源。开源使得 Storm 社区极其活跃。现在,Storm 已经发展到了 1.0.5 版本,Storm 的使用者已经形成了一个长长的名单,其中不乏诸如淘宝、支付宝、Twitter、Groupon 这样的互联网巨头。

(6)Clojure 基础上的实现。Storm 的核心代码是 Clojure 和 Java。Clojure 是一种 JVM(Java Virtual Machine,Java 虚拟机)基础上的函数式编程语言,是支持 STM (Software Transactional Memory,软件事物性内存)的少数几种语言之一。Clojure 自推出以来得到了广泛关注,人们普遍认为,其函数式编程所具有的各种特性能在分布式环境中大有用武之地,而 Storm 则给出了一个很好的实例。从另一个角度来说,Storm 也大大地推动了 Cloiure 的普及。

(二)S4 简介

业界另一个出名的流计算平台是来自 Yahoo 公司的 S4。S4(Simple Scalable Streaming System)是 Yahoo 公司评估 MapReduce 计算模型后,针对自身业务特点开发的一套流计算平台。

S4 是一个通用的、分布式的、可扩展的、部分容错的、可插拔的平台。开发者可以很容易地在其上开发面向外界不间断进行流数据处理的应用。数据事件被分类路由到处理单元(Processing Elements,PE),处理单元分析这些事件,并做以下处理:

(1)发出一个或多个可能被其他 PE 处理的事件;

(2)发布结果。

S4 的设计主要由大规模应用在生产环境中的数据采集和机器学习所驱动。其主要特点有:

(1)提供一种简单的编程接口来处理数据流;

(2)设计一个在普通硬件之上可扩展的高可用集群;

(3)在每个处理节点使用本地内存,避免磁盘 I/O 瓶颈;

(4)使用一个去中心的对等架构,所有节点提供相同的功能和职责,没有担负特殊责任的中心节点,这大大简化了部署和维护;

(5)使用可插拔的架构,使设计尽可能地既通用又可定制化;

（6）友好的设计理念，易于编程，具有灵活的弹性。

S4 的设计和 IBM 的流处理核心 SPC（Stored Program Control，存储程序控制）中间件有很多相同的特性，两个系统都是为大数据设计的，都具有能够使用户定义的操作在持续数据流上采集信息的能力。两者主要的区别在架构的设计上，SPC 的设计源于 Publish/Subscribe 模式，而 S4 的设计是 MapReduce 和 Actor 模式的结合。因为其对等的结构，S4 的设计非常简单，集群中的所有节点都是等同的，没有中心控制。

SPC 是一种分布式的流处理中间件，用于支持从大规模的数据流中抽取信息的应用，SPC 包含了为实现分布式的、动态的、可扩展的应用而需要的编程模式和开发环境，其编程模式包括用于申明和创建 PE 的 API，以及组装、测试、调试和部署应用的工具集。[①] 与其他流处理中间件不同的是，SPC 除了支持关系型的操作符外，还支持非关系型的操作符和用户自定义函数。

图 5-9 是 S4 流计算平台，S4 的计算模型和 Storm 类似，事件会在 PE 间流动，PE 会接受事件，进行相应的处理，并向外发送新的事件。

S4 推出以后，在 Yahoo 公司内部得到了广泛的使用，在开源社区也得到了巨大的反响，是流计算平台市场中的有力竞争者。

S4 的计算模型和 Storm 极其相似，但稍微有所不同。最关键的区别在于计算节点如何向外发送元组（Tuple）。[②] 在 Storm 中，这一行为由用户主动发起，用户将自己管理何时发送新元组。而 S4 中，系统会按照预先的配置来调用特定接口（PE 的 Output 函数）以获得新元组。例如，在下面的代码示例中，用户被要求实现两个接口：ProcessEvent 和 Output。

```
private queryCount＝0；
Public void ProcessEvent(Event event)
{
queryCount＋＋；
```

① Vacheri Z，Vacheri Z，Vacheri Z，et al. Muppet：MapReduce-style processing of fast data. Proceedings of the VLDB Endowment，2012，5(12)：1814-1825.

② Neumeyer L，Robbins B，Nair A，et al. S4：Distributed stream computing platform. Sydney：13th International Conference on Data Mining Workshops，2010.

```
    }
Public void Output(){}
{
String query＝(String)this.getKeyValue().get(0);
Persister.set(query,queryCount);
    }
```

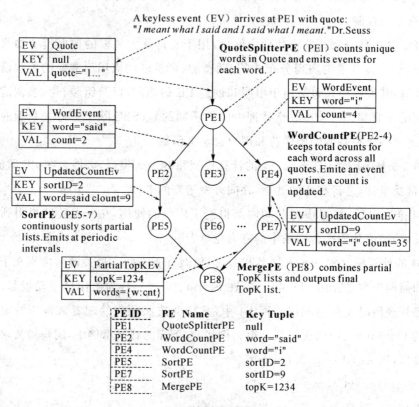

图 5-9　S4 流计算平台

顾名思义，ProcessEvent 用来处理新的消息，而 Output 函数则会被系统周期性地调用（比如，按照配置的时间间隔或者当 PE 接收到指定数量的 Event 以后）。相比较而言，Storm 的方式更加灵活，但 S4 提供了按时间窗口对事件进行处理的本地支持，两者各有优劣。

和 Storm 一样，S4 也使用了 ZooKeeper 来管理元数据。在 ZooKeeper 的基础上,S4 实现了比较完备的容错机制,如图 5-10 所示,它能够对计算节点(PE)的状态实现检查点(Checkpoint)和恢复(Recovery),这是 Storm 目前所欠缺的。

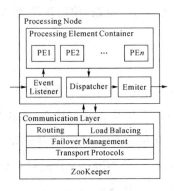

图 5-10　S4 的容错机制

图 5-11 展示了在一个节点失效的情况下,S4 是如何利用 ZooKeeper 来实现容错的。

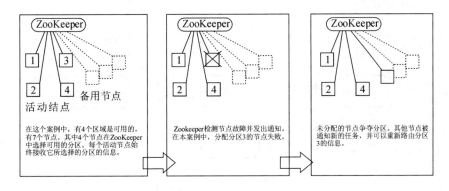

图 5-11　S4 节点失效下的容错

总的来说,S4 和 Storm 各有所长,而且这两个项目都已经开源,各自的社区都比较活跃,都有大的互联网公司在背后支持,相信他们之间的良性竞争能促使各自发展得更加完善和强大。

三、流式计算系统架构

与目前大多数大数据处理系统一样,常见的流式计算系统架构分为两种:主从模式(Master-Slave)和 P2P 模式。大多数系统架构遵循主从模式,主要是因为主控节点做全局管理的形式比较简洁,比如 Storm、MillWheel 和 Samza 都是这类架构,本节以 Storm 为例讲述流式计算系统的典型主从架构。P2P 架构因为无中心控制节点,所以系统管理方面相对较复杂,使用该类架构的系统较少,S4 是一个典型例子。

(一)Storm 主从架构

Storm 主从架构中存在两类节点:主控节点和工作节点,如图 5-12 所示。主控节点上运行 Nimbus,其主要职责是分发计算代码,在机器间分配计算任务以及故障检测等管理任务,类似于 Hadoop 1.0 中的 JobTracker 的角色。[①] 集群中的每台工作服务器上运行 Supervisor,监听 Nimbus 分配给自己的任务,并根据其要求启动或者停止相关的计算任务,一个 Supervisor 可以负责 DAG 图中的多个计算任务。

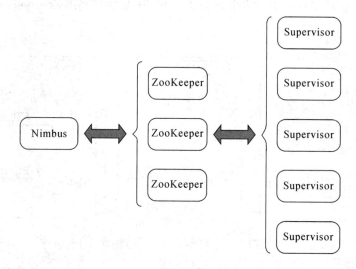

图 5-12　Storm 主从架构

ZooKeeper 集群用来协调 Nimbus 和 Supervisor 之间的工作,同时,Storm 将两者的状态信息存储在 ZooKeeper 集群上,这样 Nimbus 和 Supervisor 都成为无

状态的服务,从而可以方便地进行故障恢复,无论哪个构件发生故障,都可以随时在另外一台机器上快速重新启动而不会丢失任何状态信息。这里需要注意:Nimbus 和 Supervisor 通过使用 ZooKeeper 达到节点无状态,但是具体的 DAG 流式计算任务的计算节点可能是有状态的,两者中一个是 Storm 的架构管理系统,另一个是运行其上的计算任务,要明确区分它们之间的区别和联系。

(二)S4 的 P2P 架构

S4 采用了 P2P 架构(见图 5-13),没有中心控制节点,集群中的每台机器既负责任务计算,也做一部分系统管理工作,每个节点功能对等,这样的好处是系统可扩展性和容错性能好,不会产生主从模式中的单点失效问题,但是缺点是管理功能实现起来较复杂。

PE 是基本计算单元,属于 DAG 任务的计算节点,其接收到数据后触发用户应用逻辑对数据进行处理,并可能产生送向下游计算节点的衍生数据。为了使应用在编程时更加便捷,S4 实现了一些常用的应用逻辑,比如计数、聚集和 Join 等操作。[①] PN(Processing Node)是 PE 运行的逻辑宿主(物理主机与逻辑宿主存在一对多关系),其中的事件监听器负责监听管理消息和应用数据,PEC(Processing Element Container)调用对应的 PE 执行应用逻辑,分发器在通信层的帮助下分发数据,发送器负责对外产生衍生数据。

通信层主要负责集群管理、自动容错以及逻辑宿主到物理节点的映射等,其可以自动侦测硬件故障,并做故障切换以及修正逻辑宿主和物理节点映射表。通信层利用 ZooKeeper 来协助管理 P2P 集群。

对数据送达的保证,S4 提供了可选项,既可以出于效率考虑不采用送达保证,也可以选择采用,甚至还可以混合使用,比如,对于管理信息使用送达保证,而普通应用数据则不使用。S4 有一个比较严重的问题是没有合理的应用状态持久化策略,当机器出现故障时,可能存在应用状态信息丢失的问题。

---

① Abadi D J, Carney D, Etintemel U, et al. Aurora: A new model and architecture for data stream management. (2013-07-21)[2016-11-12]. https://link.springer.com/article/10.1007%2Fs00778-003-0095-z.

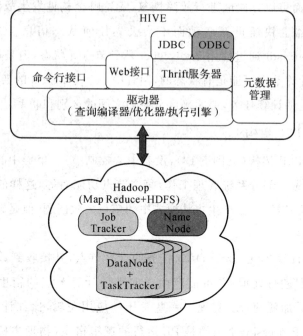

图 5-13　S4 的 P2P 架构

第三节　数据分析与挖掘

在商业智能、科学研究、计算机仿真、互联网应用、电子商务等诸多应用领域，数据正在以极高的速度增长，为了分析和利用这些庞大的数据资源，必须依赖有效的数据分析与挖掘技术。要从数据中发现知识并加以利用，指引领导者的决策，必须对数据做深入的分析，而不仅仅是生成简单的报表。这些复杂的分析必须依赖于分析模型。本节将从数据分析的现状出发，介绍大数据分析平台的架构与数据挖掘方案。

一、大数据分析平台的架构要点

(一)敏捷计算平台

敏捷性通过高度灵活且可重新配置的数据仓库和分析架构实现。分析资源可快速进行重新配置和部署,以满足不断变化的业务需求,从而实现新级别的分析灵活性和敏捷性。

1. 实现"敏捷"数据仓储

新分析平台使得开发不受当今 IT 环境限制的数据仓库成为现实。目前,企业被迫使用不尽如人意的设计方法和不成熟的报告工具,通过过时的数据库技术从快速增长的大数据源中挖掘价值。而随着这些数据量继续增大和新的数据源出现,企业已经发现目前的体系结构、工具和解决方案成本太高、太慢、没有弹性,无法支持其战略性业务计划。

下面考虑实现构建聚合(Aggregate)的影响。聚合是预计算的分层或维度事实数据(度量或指标)的汇总,一般通过 SQL "Group By" 短语定义。例如,在"地理位置"维度中,可以按国家/地区、区域、州/省、城市和邮编创建所有事实数据(例如,销售额、收入、利润、利润率和退货率)的聚合。聚合通常用于克服传统关系数据库管理系统(如 RDBMS)在处理多表连接和海量表扫描时的处理能力限制。数据库管理员事先计算数据准备期间最常用的聚合,以加快特定报告性能。存储于这些聚合表中的数据将会增加到原始数据自身的好几倍。由于事先构建聚合需要大量时间,服务水平协议(Service-Level Agreement, SLA)往往受到影响。只凭如同涓涓细流般的数据流入来提供实时操作报告简直就是白日做梦,因为每当新数据细流汇入数据仓库时,需要消耗时间来重新构建聚合表。

打破这些限制就实现了敏捷数据仓库环境,这种环境可以像其他业务那样灵活、响应力强,其具有以下功能。

(1)按需聚合:可提供更快的查询和报告响应时间,不必事先构建聚合,具有实时创建聚合的能力,避免了每次数据细流汇入数据仓库时不断地重新构建聚合的需要。

(2)索引独立性:数据库管理员可消除刚性索引构建的需要,不必事先得知用户要问的问题以便构建所有支持索引。用户可以自由询问更具体的业务问题,而不必担心性能问题。

(3)即时创建关键绩效指标(Key Performance Index, KPI)——业务用户可自由定义、创建和测试新派生的(且复合的)KPI,而不必请数据库管理员事先计算它们。

(4)灵活、临时的层次结构:构建数据仓库时不必预定义维度层次结构,例如,在市场情报分析期间,企业可灵活更改作为分析基准的公司。

2.集成式数据仓库和分析

传统上,数据仓库和分析工具驻留在不同环境中。将数据从数据仓库移动到分析环境需要通过一个单独的 ETL 流程。在这一流程中,数据经过选择、过滤、聚合、预处理、重新格式化,再传输到分析环境。在数据到达分析环境后,数据分析人员才能开始构建、测试和优化分析模型和算法。如果在数据分析过程中发现需要更细粒度的数据和/或不同数据,他们就必须重复整个数据仓库 ETL 流程。这可能使分析过程多花数日甚至数周时间。

如果有这样一个集成式数据仓库和分析环境,它具有数据库内嵌式分析功能,那么数据分析人员不必离开数据仓库就可以执行分析。同时,在集成式数据仓库和分析环境中,数据仓库和分析环境之间还应能以极快的速度(比如 $5\sim10\text{TB/h}$)传输大规模数据集。如此,既可以大大加快分析流程,也可以使得将分析结果重新集成到数据仓库和商业情报环境变得更加轻松。集成式数据仓库和分析环境支持下列类型的分析:

(1)在数据仓库和分析环境之间细分和流化大规模数据集,用以支持创建"分析沙盒",供分析探索和发现使用。

(2)在最低粒度级别查询大规模数据集,以标记异常行为、趋势和活动,从而根据相关建议创建可操作价值。

(3)加快不同业务场景的开发和测试,以简化假设分析、敏感性分析和风险分析。

集成式数据仓库和分析环境的这些优势应用到日常任务中,可带来宝贵价值。

(二)线性扩展能力

大规模计算能力的实现意味着能以完全不同的方式解决业务问题。让我们来看看几个例子,了解大规模计算扩展能力如何影响业务。

1.将 ETL 转变为数据浓缩过程

ETL 的重点是纠正数据源系统导致的错误,提取、转换、整理、特征分析、规格化和对齐所有数据,以确保用户的分析对象具有可比性。借助 ETL 提供的处理能

力,可将传统 ETL 流程转化为数据浓缩过程。可创建的新的具有洞察力的指标包括:

(1)活动定序和排序:识别在特定事件之前发生的一系列活动。例如,识别某人通常首先会在网站上搜索需要进行技术支持的问题,然后致电呼叫中心两次,随后便成功解决了问题。

(2)频率计数:计算在特定时间段内发生某种事件的频率。例如,统计产品在首次使用 90 天内收到多少次服务呼叫。

(3)N–tiles:根据特定指标或一组指标将项目(例如,产品、事件、客户和合作伙伴)分组到"桶"中。例如,根据三个月滚动期内的收入或利润跟踪最有经济实力的(前 10%)客户。

(4)行为"篮子":创建一组先于销售或转换事件的活动(包括频率和排序),以识别最有效、获利能力最强的市场治理组合。

2.支持极端变化的查询和分析工作负载

很难事先得知企业要基于最新业务环境执行的查询和分析的类型。竞争对手的定价或促销行动可能要求企业立刻进行相应的分析,以便更好地了解这对企业造成的财务和业务影响。很多有意思的分析涉及极端变化的工作负载,难以事前预测。

以前,企业不得不满足于粗略的事后分析,那时平台没有相应的计算能力,不能在事件发生时进行深入分析,也不能周密考虑各种可能推动业务的变量和序列。借助新平台,这些计算密集型、短期突发式分析需求可以得到支持。这一能力用以下几种方式向业务用户表明了自己的存在。

(1)性能和可扩展性:"钻探"数据以询问支持决策制定所需的二级和三级问题的敏捷性。如果业务用户想要深入所有这些细节数据,找出推动业务发展的变量,他们不必担心系统会因分析大量数据而瘫痪。

(2)敏捷性:支持快速开发、测试和优化有助于预测业务绩效的分析模型。数据分析时可自由发掘可能推动业务绩效的各种变量,从结果中总结经验,并将这些发现融入模型的下一次迭代,不会再遇到分析很快失败的情况,也不必担心分析带来的系统性能问题。

3.分析海量力度数据集(大数据)

云的最重大进步之一就是能对大量细节数据进行分析和对业务推动因素建模。云不仅带来了更有效的按需处理能力,还提供了具有成本效益的、更高效的数据存储能力。数据不再对企业构成束缚,企业可以通过以下方式全面利用数据来自由拓展其分析。

(1)向第 N 度执行多维分析的能力。企业不再局限于从三维或四维考虑,而可以着眼于数百维甚至数千维,以调整和定位业务绩效。借助这种程度的多维分析,企业可以按具体地理位置(如城市或邮编)、产品(如 SKU 或 UPC 级别)、生产商、促销、价格、一天的特定时间或一周的具体某一天等找出业务推动因素。借助这种级别的粒度,可以大幅度提高本地业务绩效。

(2)从海量数据中找出足够多的"小钻石",为企业带来实质性的效益。

因此,大数据分析平台应对本地分析的主要挑战有两个方面:一是在本地或特定级别找出业务推动因素;二是找出足够多的这类本地业务推动因素为企业带来实质性的效益。

4.实现低延迟数据访问和决策制定

由于不必经过繁复的数据准备阶段(在预构建聚合和预计算派生指标方面),数据从生成到供业务使用的延迟得到大大缩短。缩短数据事件与数据可用之间的时间的能力得到提升,这在以下几个方面表明了操作分析的概念已成为现实。

(1)挖掘连续数据馈入(细流馈入)以提供低延迟运营报告和分析。业务事件(如证券交易)和买入、卖出决策之间的时间得到显著缩短。从华尔街算法交易的回升,我们可以明显看出这种低延迟决策带来的影响。在电子金融市场,算法交易是指使用计算机程序来输入交易订单,由计算机算法决定时间、价格或订单数量等订单参数,在很多情况下无须人工干预也可以下订单。

(2)低延迟数据访问使得及时的动态决策成为可能。例如,在营销活动期间,营销活动经理可在绩效最佳和/或转换最佳的网站及关键字组合之间重新分配在线活动预算。

(三)全方位、遍布式、协作性用户体验

业务用户对数据、图表和报告选项的需求已然得到满足,不管如何优雅地推出它们,业务用户也不再需要更多了。业务用户需要的是一种能通过分析为其业务找出并提供可操作的实质性价值的解决方案。

1.实现直观和全方位的用户体验

将细节数据与强大的分析能力相结合能带来备受关注的优势——更简单、更直观的界面。这是如何实现的呢?想想 iPod 与 iTunes 之间的关系。iPod 的极简主义界面是其在客户中大获成功(同时主宰市场)的原因之一。苹果公司在 iPod 中摒弃了大多数复杂的用户操作(例如,管理播放列表、添加新曲目、使用 Genius 功能生成建议等),而将这些操作迁移到了更便于管理的 iTunes 中。我们可以应用同样的概念来改善和分析用户体验。

(1)用户体验可以利用分析工具更多地在幕后进行繁重的数据分析。界面不必呈现日益复杂的报告、图表,相反,可以更加直观,为用户提供了解业务所需的洞察。

(2)根据源于数据的洞察,用户体验可以用具体的建议操作(类似 iTunes Genius 功能)轻装上阵。而识别相关内容和提供可操作建议的复杂工作就交给分析工具完成。

例如,有这样一个营销活动界面,它从影响营销活动绩效的众多变量中进行提纯,只显示那些可进行实质性操作的变量。我们再想象一下,如果这个用户界面不仅显示这些变量,而且提供一些可改进动态营销活动绩效的建议,那么这种用户体验一定会是大多数用户更愿意接受的。

2.利用协作本性

协作是分析和决策流程的一个自然部分。类似于用户快速聚集成小团体,就特定主题领域分享经验。

例如,如果某家大型包装消费品公司的所有品牌经理都能创建这样一个社区,在里面可轻松分享和探讨数据、信息和品牌管理洞察,这将形成一股巨大力量。通过共享结果数据和分析,对其中一个品牌进行的有效的营销活动可被其他品牌快速复制和扩展。

3. 支持新的业务应用程序

这种新分析平台能通过其按需处理能力、细粒度数据集、低延迟数据访问，以及数据仓库与分析的紧密集成，帮助企业解决以前所不能解决的业务问题。这种分析借助这些新平台，尤其是当其与大数据结合时，可以支持一些新业务应用程序。

这些可大规模扩展的新平台使得分析界有了改变游戏规则的能力。当今的数据仓库和分析平台有以下优势：

(1)根据业务优先级按需调配和再分配大量计算资源的敏捷性。

(2)能分析更细粒度、多样化、低延迟的数据集，同时保持数据细微差别和关系的能力，这一能力带来了有区分的洞察，帮助实现优化的业绩绩效。

(3)就关键业务计划跨组织协作，以及快速宣传最佳实践和有组织的发现。

(4)成本优势，利用廉价的处理组件分析大数据以抓住和挖掘商机，而之前就算能做到也不是采用具有成本效益的方式。

理想的分析平台带来了可大规模扩展的处理能力、挖掘细粒度数据集的能力、低延迟数据访问及数据仓库与分析之间的紧密集成。如果正确认识和部署，这种平台可用于解决之前无从着手的棘手业务问题，并为业务带来可操作的实质性洞察。

二、数据仓库架构

在大数据基础上的便捷交互式分析系统的出现，应该说是大数据处理技术积累到一定程度后的历史必然。Hadoop 解决了大规模数据的可靠存储与批处理计算问题，随着其日渐流行，如何在其上构建适合商业智能（Business Intelligence，BI）分析人员使用的便捷交互式查询与分析系统便成为亟待解决的问题，毕竟 Hadoop 提供的 MR 计算接口还是面向技术人员的底层编程接口的，在易用性上有其天生的缺陷。[1] 于是出现了目前我们看到的各种 SQL-on-Hadoop 系统争奇斗艳的局面。

从 SQL-on-Hadoop 系统的发展阶段来说，如果将 Hive 和 Pig 时代称为早期，

[1] ApacheTajo.［2016-08-12］. http://tajo.apache.org/.

那么目前应该处于竞争发展期,针对 Itive 效率不高的缺点,各种 SQL-on-Hadoop 系统都在探索更具竞争力的技术解决方案。随着各个系统的不断探索,如何构建大数据的高效交互式分析数据仓库这一问题的解决方案已经日渐清晰,很多高效的技术手段逐渐成为共识,比如列式存储、热点内容放置在内存进行处理、在扫描数据记录时尽可能多地跳过无关记录、避免将执行引擎直接构建在 MR 基础上、Join 操作效率优化等。估计再经过 2 至 3 年的竞争,市场上会有 2 到 3 个数据仓库系统成为主流产品,但是其采取的技术方案会大同小异,针对不同的应用场景会有微小的差异。[①]

本节对目前的各种 SQL-on-Hadoop 系统进行归类梳理,根据其整体技术框架和技术路线的差异,将其分为以下三类。

第一类:Hive 系。Hive 是直接构建在 Hadoop 之上的数据仓库系统,也是目前使用最广泛的 SQL-on-Hadoop 产品,它和 Hadoop 的紧密耦合关系既成就了 Hive,同时也成为制约 Hive 发展的瓶颈因素。

第二类:Shark 系。如果将 Hive 理解为在 Hadoop 基础上的交互式数据分析系统,那么可以将 Shark 理解为在 Spark 系统之上的数据仓库系统。我们知道,Spark 是非常适合解决迭代式机器学习问题的大数据处理系统,其最大的特点是以 RDD(Resilient Distributed Datasets,弹性分布式数据集)的方式对数据载入内存进行处理。Shark 对 Spark 的依赖程度与 Hive 对 Hadoop 的依赖程度相似,这种与下层平台的过度绑定是其优点,同时也是其缺陷。之所以说是优点,是因为 Shark 可以很方便地将数据加载入内存进行处理,并且支持除 SQL 外的复杂的机器学习处理,这两点正是 Shark 区别于其他数据仓库的最大特点。[②] 之所以说是缺陷,是因为和 Hive 一样,Shark 与底层系统耦合过紧。Spark 从其本质上讲更适合机器学习类应用,所以如果要在其上构建用于其他目的的专有系统,会受到 Spark 运行机制的影响,很难将很多具有针对性的专有改进措施引进来,因此其发展潜力是比较有限的,除非将下层的 Spark 平台做根本性的改变。这其实和 Hive 面临的困境是一样的。

---

① Impala. [2016-08-12]. https://github.com/cloudera/impala.

② Kinley J. Impala:A Modern SQL Engine for Hadoop. Tech Report,2013.

第三类：Dremel 系。严格地说，将很多归于此类的数据仓库统称为"Dremel系"是不够严谨的，因为很多系统不仅参考了 Dremel 的设计思路，而且在很大程度上融合了 MPP 并行数据库的设计思想。但是为了便于讲解，我们是将其统称为"Dremel 系"。目前比较流行的系统如 Impala、Presto 都被归于此类，除此之外，还有 Google 的 PowerDrill 系统。Power Drill 系统是典型的模仿 Dremel 的开源数据仓库，但是鉴于其进展非常慢，估计很快会在竞争过程中落后。从体系架构层面来说，这一类系统是最有发展前景的。

(一)Hive 数据仓库

Hive 是 Facebook 设计并开源出的构建在 Hadoop 基础之上的数据仓库解决方案，与传统的数据仓库系统相比，Hive 能够处理超大规模的数据且有更好的容错性。[①] 尽管目前来看，因为查询处理效率较低，Hive 有逐渐被其他系统替代的趋势，但是从某种程度上讲，在超大规模数据上构建便捷实用的数据仓库这一点上，Hive 起到了领风气之先的作用，很多起类似作用的后续的数据仓库系统，比如 Stinger Initiative、Shark、Impala、Presto 等都在一定程度上借鉴了其思想，甚至大量复用了 Hive 的代码。

Hive 的出现有其历史必然性：当 Hadoop 作为存储和处理大规模数据的开源工具日益流行起来时，实现更加便捷地分析和处理海量数据的任务就日益迫切，毕竟 MR 作为一种底层的编程模式，对大多数用户来说有很高的学习成本。[②] 所以，如何简易操作大数据的问题必然会随着 Hadoop 的流行愈发引人关注，Hive 的出现就是为了解决这个问题。从某种程度上讲，如何更加简易方便地存储操作大数据也是越来越多新的大数据处理工具日益涌现的原始推动力。

可以把 Hive 的本质思想看作是：为 Hadoop 里存储的数据增加模式(Schema)，并为用户提供类 SQL 语言，Hive 将类 SQL 语言转换为一系列 MR 任务来实现数据的处理，以此手段来达到便于操作数据仓库的目的。

目前对 Hive 的诟病有很多，主要是其处理效率不够高，这主要是由 Hive

---

① Hive.［2016-07-12］. http://hive. apache. org/.

② Thusoo A,Sarma J S,Jain N,et al. Hive-a petabyte scale data warehouse using Hadoop. Long Beach：26th International Conference on Data Engineering,2010.

和 Hadoop 的绑定关系太紧密导致的。可以说，Hadoop 成就了 Hive，同时也制约了 Hive。之所以说 Hadoop 成就了 Hive，是因为作为 Hive 的数据存储源，Hadoop 本身提供的超大规模数据管理功能是使得 Hive 区别于传统数据仓库的重要特点；之所以说 Hadoop 制约 Hive，是因为 Hive 效率低是由 MR 固有的一些特性导致的。很多后续的改进版数据仓库都将这种和 Hadoop 的紧密耦合放松，仅将 Hadoop 作为数据存储源之一，而将命令执行层换为其他更高效的处理机制。

Hive 提供了 HiveQL 语言来供用户对数据进行相关操作。HiveQL 语言是类似于 SQL 的语言，支持用户自定义函数（User-Defined Function，UDF）。[1] Hive 本质上就是通过数据组织形式为无模式的 Hadoop 数据增加模式信息，并通过将用户提交的 HiveQL 语言编译成由 MR 任务构成的 DAG 任务图，利用 Hadoop 的 MR 计算机制来完成各种数据操作请求。

Hive 的整体架构如图 5-14 所示，其主要组成部分有元数据管理、驱动器、查询编译器、执行引擎、交互界面等。[2]

每个构件的主要功能和职责如下：

（1）元数据管理（Metastore）：存储和管理 Hive 中数据表的相关元数据，比如各个表的模式信息、数据表及其对应的数据分片信息、数据表和数据分片存储在 HDFS 中的位置信息等。[3] 为了提高执行速度，Hive 内部使用关系数据库来保存元数据。

（2）驱动器（Driver）：驱动器负责 HiveQL 语句在整个 Hive 内流动时的生命周期管理。

（3）查询编译器（Quely Compiler）：负责将 HiveQL 语句编译转换为内部表示的由 MR 任务构成的 DAG 任务图。

① Stinger.［2016-09-12］.http://hortonworks.com/labs/stinger/.

② Abouzeid A，Bajda-Pawlikowski K，Abadi D，et al. HadoopDB：An architectural hybrid of MapReduce and DBMS technologies for analytical workloads. Proceedings of the VLDB Endowment，2009，2(11)：922-933.

③ 陈跃国. SQL-on-Hadoop 结构化大数据分析系统性能评测. 2013 中国大数据大会，2013.

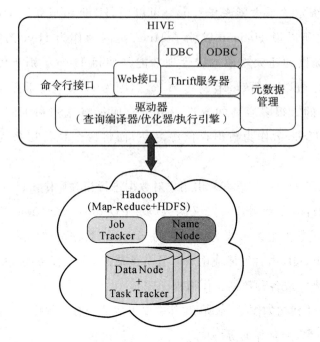

图 5-14　Hive 整体架构

（4）执行引擎（Execution Engine）：以查询编译器的输出作为输入，根据 DAG 任务图中各个 MR 任务之间的依赖关系，依次调度执行 MR 任务来完成 HiveQL 的最终执行。

（5）Hive 服务器（Hive Server）：提供了 Thrift 服务接口及 JDBC/ODBC 服务接口，通过这个部件将应用和内部服务集成起来。

（6）客户端（Client）：提供了 CLI（Command Line Interface，命令行接口）、JDBC、ODBC（Open Database Connectivity，开放数据库连接）、Web UI（Website User Interface，网络产品界面设计）等各种方式的客户端。

（7）扩展接口（Extensibility Interface）：提供了 SerDe 和 ObjectInspector 接口，通过这两类接口可以支持用户自定义函数和用户自定义聚合函数（User-Defined Aggregation Function，UDAF），也能支持用户自定义数据格式解析。

HiveQL 语句可以通过以下方式提交：CLI、Web UI、满足 Thrift 接口定义的外部调用或者 JDBC/ODBC 接口。① 驱动器在接收到 HiveSQL 语句后,将其交给查询编译器,查询编译器首先利用元数据信息对语句进行类型检查和语义解析等工作,之后生成逻辑计划(Logical Plan),然后使用一个简单的基于规则的优化器(Optimizer)对逻辑计划进行优化,其后生成由若干 MR 任务构成的物理规划(Physical Plan)。执行引擎根据这些 MR 任务之间的依赖关系来调度执行对应的任务最终完成查询,并将查询结果返回给用户。

(二)Shark 数据仓库

Shark 是 Berkeley 大学 AMPLab 实验室在 Spark 大数据处理协议栈上建立的支持交互式分析的数据仓库。就像 Hive 构建的基础是 Hadoop 一样,Shark 构建的基础是 Spark 系统。Spark 是比较适合解决迭代式机器学习问题的,采用 RDD 的方式来对数据进行高效处理。得益于此,Shark 很自然地获得了两个优势:一是方便地将待处理数据放在内存,所以效率较高;二是可以通过用户自定义函数的方式便捷地加入复杂的机器学习算法,比如,对数据的 K-Means 聚类等。第一个优势应该说目前很多 SQL-on-Hadoop 系统比如 Impala 和 Presto 等都已经具备。第二个优势是 Shark 在众多 SQL-on-Hadoop 系统中相对有特色的功能,但是这个优势在实际应用场景中其实并不能发挥太大的作用,因为现实应用场景中,交互式查询和复杂的机器学习往往很少要求两者必须紧密结合,两者相分离的需求场景更常见一些。②

Shark 是能够兼容 Hive 系统的,Shark 在整体架构上和 Hive 比较相似,因为其整体复用了 Hive 的架构和代码,只是将某些相对底层的模块替换为自身独有的。图 5-15 和图 5-16 展示了两者在体系结构方面的共性和差异。③

———————————

① Shenker S,Stoica I,Zaharia M,et al. Shark:SQL and rich analytics at scale. Proceedings of the 2013 ACM SIGMOD International Conference on Management of Data Computer Science,2013.

② Melnik S,Gubarev A,Long J J,et al. Dremel:Interactive analysis of web-scale datasets. Communications of the ACM,2010,3(12):114-123.

③ Dean J. Challenges in building large-scale information retrieval systems:Invited talk. Barcelona:Proceedings of the Second ACM International Conference on Web Search and Data Mining,2009.

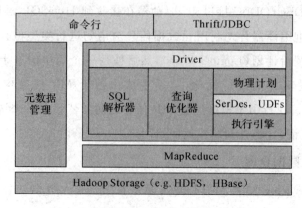

图 5-15　Hive 体系结构

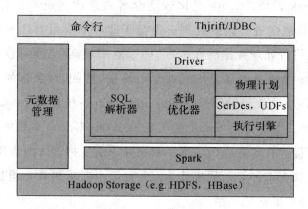

图 5-16　Shark 体系结构

　　从图 5-15 和图 5-16 可以看出，两者整体架构的相似性很高，除了底层的 Spark 和 Map Reduce 的平台差异外，Shark 在以下模块对 Hive 进行了改写：查询优化器（Query Optimizer）、物理计划（Physical Plan）和执行引擎（Execution）。之所以是这三个模块有差异，是因为在将一个 SQL 语句映射为最终可执行程序，再到逻辑计划生成的过程中，这两个系统都没有差异，差异出现在由逻辑计划到物理计划的生成过程及物理计划的最终执行上。Shark 的查询优化器也基本上与 Hive 的查询优化器相似，只是增加了额外的转换规则，比如，将 Limit 操作符下推到底层数据分片。在物理规划阶段，Shark 将逻辑计划转换为 RDD 上的操作符运算，除了 Spark 提供的操作运算符外，Shark 还新增了广播 Join（Broadcast Join）等操作符。底层执行则交由 Spark 来具体实现。

通过以上步骤,就可以在 Spark 平台上运行 SQL 语句,但是系统此时的整体效率还不算高,通过引入额外的改进措施,Shark 可以将系统性能提升到 Hive 的若干倍。

(三)Dremel 数据系统

作为 BigQuery 的后台服务,Dremel 是 Google 设计开发的超大规模数据交互分析系统,PB 级的数据存储在几千台普通的商用服务器上,数据分析人员可以采用类 SQL 语言对海量数据进行分析和处理,对于大多数查询,Dremel 可以在若干秒内返回查询结果。Dremel 自 2006 年在 Google 内部部署,拥有数以万计的内部用户,并在很多 Google 内部产品的数据分析时使用。

图 5-17 是 Dremel 的服务树架构。最上层一般由一台服务器充当根服务器(Root Server),负责接收用户查询,并根据 SQL 命令找到命令中涉及的数据表,读出相关数据表的元数据,改写原始查询后推入下一层级的服务器,即中间服务器(Intermediate Server)。中间服务器改写由上层服务器传递过来的查询语句并依次下推,直到最底层的叶节点服务器(Leaf Server)。叶节点服务器可以访问数据存储层或者直接访问本地磁盘,通过扫描本地数据的方式执行分配给自己的 SQL 语句,在获得本地查询结果后仍然按照服务树层级由低到高逐层将结果返回。在返回过程中,中间服务器可以对部分查询结果进行局部聚集等操作,在结果返回到根服务器后,其执行全局聚集等操作后将结果返给用户。

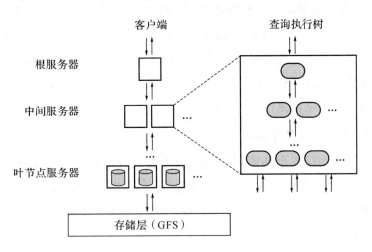

图 5-17 Dremel 服务树架构

实际中可以根据服务器总数来规划整个树形架构包含几个层级，以及每个层级包含的机器数目，比如有大约 3000 台服务器，既可以将其规划为 1 台根服务器，2999 台叶节点服务器这种两层结构，也可以将其规划为 1 台根服务器，99 台中间服务器加上 2900 台叶节点服务器这种三层架构。[①] 实验表明，在上述规模的服务器集群中，三层架构的效率要优于两层架构。这是因为如果只有两级服务器，则所有的叶节点服务器的结果需要根服务器串行聚集，而三层结构则可以在中间服务器层进行并行的局部聚集，所以可以明显提升效率。当然，这并不意味着层级越多，效率越高，因为增加层级要付出额外的通信成本。

三、数据挖掘

数据挖掘，在人工智能领域，习惯上又被称为数据库中的知识发现，也有人把数据挖掘视为知识发现过程中的一个基本步骤。

知识发现过程由以下三个阶段组成：①数据准备；②数据挖掘；③结果表达和解释。

并非所有的知识发现过程都被视为数据挖掘。例如，使用数据库管理系统查找个别的记录，或通过因特网的搜索引擎查找特定的 Web 页面，就属于信息检索（Information Retrieval）领域的任务。虽然这些任务是重要的，可能涉及复杂的算法和数据结构，但是它们主要依赖传统的计算机科学技术和数据的明显特征来创建索引结构，从而有效地组织和检索信息。数据库管理系统虽然可以高效地实现数据的录入、查询、统计等功能，但无法发现数据中存在的关系和规则，无法根据现有的数据预测未来的发展趋势。为了充分利用现有的信息资源，从海量数据中找出隐藏的知识，数据挖掘技术应运而生，并显示出了强大的生命力。与此同时，数据挖掘技术也被用来增强信息检索系统的能力。

（一）数据挖掘的主要功能

数据挖掘的实际应用功能可分为三大类和六分项：分类（Classification）和聚类（Clustering）属于分类区隔类；回归（Regression）和时间序列（Timeseries）属于推算预测类；关联（Association）和序列（Sequence）则属于序列规则类。

---

① Hall A, Bachmann O, Büssow R, et al. Processing a trillion cells per mouse click. Proceedings of the VLDB Endowment, 2012, 5(11):1436-1446.

分类是根据一些变量的数值做计算,再依照结果分类。计算的结果最后会被分为几个少数的离散数值,例如针对邮寄广告对象的筛选,将一组数据分为"可能会响应"和"可能不会响应"两类。分类常被用来处理上面所说的邮寄对象筛选的问题。我们会用一些根据历史经验已经分好类的数据来研究它们的特征,然后再根据这些特征对其他未经分类或新的数据做预测。这些我们用来寻找特征的已分类数据可能来自现有的客户数据,或将一个完整数据库部分取样,再经实际的运作来测试。比如利用一个大型邮寄对象数据库的部分取样来建立一个分类模型,再利用这个模型对数据库的其他数据或新的数据分类预测。

聚类是将数据分群,其目的是找出群间的差异来,同时也找出群内成员间的相似之处。聚类与分类不同的是,聚类在分析前并不知道以何种方式或根据来分类。所以必须要配合专业领域知识来解读这些分群的意义。

回归是利用一系列的现有数值来预测一个数值的可能值。若将范围扩大也可利用逻辑回归(Logistic Regression)来预测类别变量,特别是在广泛运用现代分析技术如类神经网络或决策树理论等分析工具时,推测预估的模式不再局限于传统的线性回归方法,大大增强了工具选择的弹性,提高了应用范围的广度。

基于时间序列的预测与回归功能相似,只是它用现有的数值来预测未来的数值。两者最大的差异在于时间序列所分析的数值都与时间有关。时间序列预测的工具可以处理有关时间的一些特性,比如时间的周期性、阶层性、季节性及其他的一些特别关系(如过去与未来的关联性)。

关联是要找出在某一事件或数据中会同时出现的东西。例如,如果 A 是某一事件的一种选择,则 B 也出现在该事件中的概率有多少。比如,假设顾客买了火腿和橙汁,那么这个顾客同时买牛奶的概率是 85%。

序列发现(Sequence Discovery)与关联的关系很密切,所不同的是序列中事件的相关性是以时间因素来做分隔的。比如,假设 A 股票在某一天上涨 12%,而且当天股市加权指数下降,则 B 股票在两天之内上涨的概率是 68%。

(二)数据挖掘解决方案

1.传统数据挖掘解决方案

由于计算能力、存储能力以及数据挖掘算法迭代复杂等方面原因,决定了传统的数据挖掘方式不可能建立在元数据之上。首先,因为任何数据的元数据本身往往都在 TB 级、PB 级,因此传统的数据挖掘一般都使用采样的方式来获取样本,样本的覆盖率和分布情况显得十分重要,而高覆盖率且分布情况符合元数据的采样几乎是不可能获得的。其次,为了提高准确率,传统数据挖掘往往都在数据挖掘算法和模型上做文章,因而都采用较复杂的数据挖掘算法和搭建较复杂的模型的方式来提高性能。

2.分布式数据挖掘解决方案

MLBase 是由加利福尼亚大学伯克利分校 AMP 实验室推出的一个基于 Spark 的分布式数据挖掘解决方案,它是 Spark 生态圈里的一部分,专门负责机器学习(除此之外,还有负责图计算的 GraphX、负责 SQL Ad-hoc 查询的 Shark、具备容错性查询能力的 BlinkDB 等)。AMP 实验室在 2014 年公开发表了关于 MLBase 的论文,AMP 实验室表示会开源整个项目。与类似的解决方案相比,MLBase 的构想有更进一步的创新和独到之处。比如相对于 Weka,MLBase 提供了分布式的数据挖掘解决方案,而 Weka 只支持单机;而相对于基于 Hadoop 的 Mahout 而言,MLBase 能更好地支持迭代计算,而且更重要的是,MLBase 的核心部分包括了一个优化器 ML Optimizer,它把数据拆分成若干份,对每一份数据使用不同的算法和参数来运算出结果,看哪一种搭配方式得到的结果最优(注意这个最优结果是初步的)。MLBase 一共包括四个部分:ML Optimizer、MLI、MLlib 和 Spark。从 MLlib、MLI 到 ML Optimizer,是针对不同程度的算法所使用的不同抽象程度的接口。MLBase 的构架如图 5-18 所示。

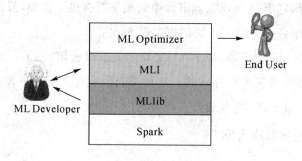

图 5-18　MLBase 的架构

MLBase 设计架构不仅考虑到分布式的数据挖掘,还考虑到让数据挖掘的门槛更低,让一些可能并不了解数据挖掘的用户也能使用 MLBase 这个工具来处理自己的数据。那 MLBase 怎么做到这件事呢? 一方面,MLBase 提供了一套申明式的类 Pig 的语言。比如要做分类,用户只需要写以下几行 Scala 代码。

var X＝load("raw_data",2 to 10)

var Y＝load("raw_data",1)

var (fn-model,summary)＝doClassify(X,Y)

上面 3 行代码表示:X 是需要分类的数据集,Y 是从这个数据集里取的一个分类标签,第三步表明要做分类 doClassify()。这样处理主要有两个好处:第一,每一步数据处理十分清楚简单,可以很容易地可视化出来;第二,对用户来说,用 ML(Machine Learning,机器学习)算法处理这件事非常透明,不管用的是什么分类方法,是支持向量机(Support Vector Machine,SVM)还是决策树(Decision Tree),SVM 用的 Kernel 是线性的还是 RBF(Radial Basis Function,径向基函数)的,具体的参数又是调成多少的等这些事情都不需要用户考虑。那么 MLBase 是怎么做的? 整个透明过程的逻辑如下。

用户输入的类 Pig 的任务,可以做分类 doClassfy(X,Y),或者可以做协同过滤 doCollabFilter(X,Y),还可以做一些图计算之类的任务。这些任务首先会经过解析器处理,然后交给逻辑学习计划组件 LLP(Logical Learning Plan)。LLP 是逻辑上的一个学习选择过程,在这个过程中完成 ML 算法选择、特征提取方法选择和参数选择,LLP 完成之后交给优化器。优化器是 MLBase 的核心,它会把数据拆分成若干份,对每一份使用不同的算法和参数运算出结果,看哪一种搭配方式得到的结果最优。优化器做完这些事之后就交给物理学习计划组件 PLP(Physical Learning Plan)。PLP 会执行之前选好的算法方案,把结果计算出来并返回,同时返回这次计算的学习模型。总而言之,这个流程是 Task→Parser→LLP→Optimizer→PLP→Execute→Result/Model,即先从逻辑上,在已有的算法里选几个适合这个场景的组合,让优化器都去做一遍,把最优的套餐给实际执行的部分去执行,返回结果。LLP 内部实现的算法是可以扩充的,MLbase 考虑到了可扩展性,就是想让 ML 专家增加新的 ML 算法到 MLbase 里去,这样可以基于众包的概念来发展和壮大其算法库。

大数据架构设计实例

第一节　大数据应用实例

一、大数据支撑政务活动

（一）奥巴马竞选中的民意预测

2012 年美国大选，奥巴马在总统选举中得到超过半数的选举票，以 332 票对 206 票击败共和党候选人米特·罗姆尼，连任美国总统。在这样一场势均力敌的政治角力之中，双方阵营在人力、财力和物力上的投入可以说是在伯仲之间。究竟是什么原因导致了曾在民意调查和电视辩论中一度处于弱势的奥巴马能峰回路转呢？是什么帮助奥巴马的竞选团队在短时间内筹措到十亿美金的竞选资金呢？又是什么力量帮助奥巴马的智囊团队成功预测哪些态度摇摆的州会左右选情呢？结果尘埃落定后，众人才恍然大悟，奥巴马仰仗的是"数据"这个物器。

兵马未动，粮草先行。选战之初最为关键的是筹集更多的资金。奥巴马的数据科学团队做的第一件事就是搭建了一套统一的数据平台，将先前散布在各个数据库内的关于民调专家、选民、筹款人、选战员工和媒体人的数据聚合在了一起。搭建数据平台并完成数据整合这件事在事后被证明是奥巴马数据科学团队走得最为关键的一步棋。数据整合从根本上解决了一直以来令竞选团队无比头疼的数据一致性问题，各个团队可以同步共享统一的人员名单并保持实时更新，确保了每个团队能最有效率地开展各自的工作，并兼顾或借鉴其他团队的工作成果。比方说，负责资金筹集的部门在给目标客户打电话前，已经收到一份由动员投票团队提供的详尽名单,上面不仅列出了对方的名字与号码,还有他们可能被说服的内容,并且名单已经按照竞选团队最重要的优先诉求排好序。决定排序的因素大部分是基本信息,比如年龄、性别、种族、邻居及投票记录。这使得整个募集资金团队的工作效率大大提高。

数据整合之后就是建模。伴随着反馈数据的收集,数据科学团队着手利用已有数据对未来数据进行构建统计和推荐模型。借此,竞选团队能够搭建基于聚类的决策树来判断哪些人会采取怎样的捐赠方式,也能针对历史数据发现那些流失掉的捐赠者的归因是什么,进而有的放矢地重新吸纳那些人,甚至挖掘出一些特定人群的捐赠习惯,比方说他们发现在网上或者通过短信重复捐钱而无须重新输入信用卡信息的人,捐出的资金是其他捐献者的 4 倍。

选战之首就是要对选情了如指掌。传统的做法就是参考选前各种五花八门的民调,但这也是传统数据统计方法的局限性所在,它只能告诉你现象,却不能告诉你原因。奥巴马的数据科学团队从多个角度寻求突破。首先,他们扩大了调查样本规模,以俄亥俄州为例,数据科学团队做了 29000 人的民调,相当于该州全部选民的 0.5%。同时,他们动用多组而不是一组民调数据来勾画更完整的数据图谱。更关键的是,数据科学团队用计算机对采集来的民调数据进行模拟竞选,有时候一个晚上要运算 66000 次,模拟各种情况下的竞选结果。竞选团队每天早上第一时间都能得到一份提供指导性意见的报告,从而应对变化,并调配资源。正是通过构建这样的预测模型,竞选团队成功判断出大部分俄亥俄州人不是奥巴马的支持者,反而更像是罗姆尼因为 9 月份的失误而丢掉的支持者。

兵法有云:“知己知彼,百战不殆。”而所谓知者,乃数据也。奥巴马和他的大数据团队证明了拥有海量数据和相对应的处理数据的能力,的确可以成为瞬息万变的政治角力中不可或缺的一支力量。

(二)美国孟菲斯的犯罪预测

美国 CBS 电视台的一部热播连续剧 *Person of Interest*,其故事背景是一名富有的电脑天才发明了一套大规模计算软件,能够通过获取来自电话短信、电子邮件、视频监控等众多数据源的海量级电子数据,并用模式识别的算法对即将发生的暴力犯罪进行预测。在电视剧虚构的未来社会里,每个人的隐私数据都被美国政府掌握,而这些数据只要被正确地利用,就能据此搭建起一个预测预警系统,对即将发生犯罪的时间和地点做出预测,人们就能提前干预制止犯罪,改变事态发展趋势甚至结果。这个听上去科幻色彩甚浓的情节事实上并非遥不可及。

美国孟菲斯城区的警察只需要悠闲地开着警车按照事先制定好的路线图完成每日的巡逻即可,此外他们还严格遵守拟定的时间表,比方说周四的巡逻必须从上午四点开始,晚上十点结束。这并非因为这是全美最安全的城市,事实上孟菲斯多年以来一直被列为美国最不安全的城市,人均犯罪率达到惊人的 18%。那究竟是什么使得这里的警察能够如此气定神闲呢?这一切源自孟菲斯警察局新近启用的犯罪分析系统。

在警察的日常活动中,每一个 911 电话、每一次停车检查、每一番街头执法和抓捕,都会产生大量类似于日志的数据,要从中理清犯罪线索,无疑会让任何一个警察都焦头烂额,疲于应付。于是当地警察局觉得如果能从一大堆信息碎片中,直接把有价值的线索挖掘出来,该有多好。长期以来,警察局的调查人员要分析数据,试图寻找有用信息时,都得从档案柜中翻出满是灰尘的陈旧档案,一页一页地查阅,或者直接凭借常年积累的所谓感觉来判断哪些事可能有关联,哪些结果可能会发生。

很快,一项叫"犯罪活动实时监测中心"的项目上马了,它为警察工作引入了一个全新的半自动数据分析方法。自项目上线以后,伴随着信息电子化,发生变化的不仅有记录下的信息数量,还有因计算机辅助分析带来的快捷。这些分析的结果给警方绘制了一幅城市治安情况的蓝图,哪里是犯罪高发区域,哪个时间段是不法分子活跃的时期,都在大数据面前一览无余。警方得以将有限的警力投放到最需要保护的时段和地区,大大提高了警力使用效率和治安满意度,可谓是一举多得。

人类虽然具有个体差异,但群体行为往往具有可预测性。对这些情况做出预测,正是大数据能够做到的。对于如同治安管理和流行病防御这样的群体性行为,要在短时间内做出快速响应,就需要人们在危机发生前的初期就能捕捉事态发展的趋势,而数据及其分析预测的功能确保了人们能得到及时和正确的引导。

(三)美国国安局的反恐监察

大数据不仅代表海量的数据及其相应的数据处理技术,更是一种思维方式和一项重要的基础设施。在大数据时代,大数据可以成为政府维护公共安全的重要利器。美国在"9·11"事件后就开始积极部署"大数据反恐",截至 2013 年,美国通过大数据成功挫败了 50 多起恐怖事件。

美国国安局(NSA)建立了全球最大规模的数据监测和分析网络,对用户通话记录进行分析,监控可能产生的恐怖事件。NSA 通过对美国电信运营商 Verizon 提供的通话数据进行图谱分析,研究用户之间的关系,完成了包含 4.4 万亿个节点 70 万亿个关联的图谱。在对用户关系图谱进行存储和分析的过程中,可以使用 Neo4j、Pregrel、GraphLab 等图处理框架,对图谱数据进行高效地存储和计算。相对于关系数据库来说,图形数据库善于处理大量复杂、互连接、低结构化的数据。这些数据变化迅速,需要频繁地查询——在关系数据库中,这些查询会导致大量的表链接操作,在性能和扩展性上都会产生问题,因而需要采用新型的图处理技术。

具备了如此强大的数据采集和分析能力,NSA 能够发现暗中联系或支持恐怖分子的人,从而预防恐怖事件的发生。同时,通过综合利用恐怖分子平时产生的各种信息,包括通话、交通、购物、交友、电子邮件、聊天记录、视频等,可以在恐怖行为发生前进行预警和事后进行分析排查。

二、大数据增强社会服务能力

(一)智能交通

国际化大都市普遍遇到的顽症之一就是交通拥堵。据中国社科院数量经济与技术经济研究所测算,北京市每天因为堵车产生的社会成本达到 4000 万元,核算下来相当于每年损失 146 亿元。美国得克萨斯州研究所发布的报告称,2003 年,美国 85 个主要城市因交通堵塞每年的经济损失高达 630 亿美元,间接经济损失高达 1000 亿美元。交通堵塞使美国人每年浪费 37 亿小时;因道路拥堵,各种交通工具平均每年白白烧掉 100 亿升燃油,相当于每个驾车人每年缴纳 850 美元到 1600 美元的交通堵塞税。即便是在城市交通管理方面一直被作为范本的伦敦,乘客平均每年有 66.1 个小时浪费在堵车中,相当于每人次上下班产生了 15.19 英镑的额外成本。

为了根治交通顽疾,各国各地区都动了不少脑筋。除了扩张道路基础设施建设,鼓励公共交通,发展城市快速道和轨道交通外,近些年如伦敦、上海这样的超大规模城市,还实践了诸如收取城区拥堵费和限制私家牌照等措施,这样的疏堵结合也的确取得了一定的成效。伴随着信息技术的迅猛发展,城市管理者开始借助计算机系统来提升城市交通效率,这当中数据扮演了关键角色。

美国旧金山湾区的快速交通系统(BART)已有大约 40 年的历史,作为美国硅谷地区最繁忙地区的核心交通系统,它担负了巨大的运输承载压力,平均每天大约有 40 万人的客流量。借助硅谷地区得天独厚的技术优势,作为运营方的加州政府决定做一项大胆的尝试:将交通系统运营数据开放给大众。

运营方对整个古老的运营系统进行了现代化的信息系统改造,所有列车、车站及管线道路设备的信息都被数字化,并被汇集到统一的数据平台上,以 API 的方式提供给内外部的各种系统和软件调用。很快旧金山湾区的乘客们发现,他们能够从 BART 的网站上查到各条线路的运营时刻表,到后来甚至连诸如哪个站有星巴克,哪条线路有故障都能被一一查阅。伴随着智能手机的跃进式发展,开始有手机开发者利用这些数据开发手持的移动应用,这使得对数据访问的需求急剧增加。BART 的技术专家借鉴了谷歌云平台的设计和运营经验,将整套数据平台移植到了能提供弹性计算能力的云服务上,并通过给数据访问者分发授权码来协调和管理自己的数据平台。很快这些投资不仅提高了应用访问数据的速度,更重要的是出现了一些匪夷所思的变化,这改变了这个行业的思维。由于交通系统的数据远比电视台、广播电台的预报更实时并且可靠,越来越多的乘客使用各种智能移动应用来规划自己的出行,当遇到交通高峰或线路故障时,人们会根据自己得到的第一手资料来调整自己的线路。BART 的管理者发现整个运输系统的满意度得到了大幅提升,同时和 Embark 这样的应用开发商合作,BART 获得了更多的来自乘客出行行为的数据,这有助于他们更好地安排时刻表和发车间隔。

厦门,这座中国南方著名的旅游城市,每年接待的游客大约在 3500 万人次。这对这座城市的管理者来说是甜蜜的苦恼,因为他们不得不在假日里面对几近瘫痪的市区交通。厦门是一座海岛城市,这意味着从基础建设上寻找拓展空间几乎是在螺蛳壳里做道场。幸运的是,厦门也是中国南方诸多城市中信息化程度较高的城市,在解决这件事情上,他们独辟蹊径想出了由厦门市信息办牵头,城建交通和公安等部门配合的模式。信息办第一个举措是整合全市公交出租车系统的信息资源,所有的运营车辆都有实时 GPS 信息采集并同意发送到信息办的数据中心。各个运营单位可以通过访问这些数据获知当前的交通状况,进而合理安排车次和运量。

旧金山湾区和厦门的故事是具有普遍启发性的运用大数据的事例。在未来的社会,城市的管理者将不可避免地以数据作为他们实施规则的事实基础。数据不仅成为生产力的加速剂,更是和谐社会的催化剂。

(二)谷歌流感趋势预测

目前,在全世界范围内,还没有确定有效的方法来准确地监控和预测流感病情。美国的卫生组织尽管能够根据各个片区的病人发病率和就诊率来发布流感警报,但往往到这时候流感已经扩散,属于事后"救火"了。想象一下,如果在2003年的SARS病情大规模爆发之前,就能预警和采取措施,那将对社会有很大的贡献。

谷歌在2008年提出了一种基于大数据的创新型方案:流感趋势预测(Google Flu Trends),即利用聚合搜索数据来对流感进行跟踪。谷歌在网站中解释,搜索流感相关主题的人数与实际出现流感症状的人数之间存在着密切的关系。该项目通过分析互联网上人们对健康问题搜索的趋势来预测流感,例如,对"疼痛""发烧""咳嗽"等词汇进行跟踪,就能够准确地判断流感扩散的地域和范围。通过在美国的9个地区进行测试,结果表明该项目能够比疾病控制与预防中心更早(7~14天)更准确地预测流感的爆发。同时,谷歌希望该项目对其他疾病的预测也能够同样有效。

通过该项目,谷歌可以判定流感的等级,一般有高、适中、低或最小几个等级。项目可以通过把某个特定地域的历史流感信息和现有的来自搜索数据的估计信息进行对比,得到流感的等级信息。在Flu Trends中,用户的查询来源信息通过谷歌服务器上日志中的IP地址获得。

与全球的健康部门相比,Flu Trends拥有一个几乎涵盖全球的视角,同时具有很强的实时性,只要是人们使用过谷歌搜索的地点就可以进行数据收集,而健康部门每周更新的报告只局限于自己的国家。通过对查询的数量进行统计,还可以进一步估计出在世界范围内使用谷歌搜索引擎的流感人群的活动情况。

然而,谷歌对Flu Trends项目的研究并不是为了取代传统的卫生机构数据。相反,该项目可以有效地帮助公共卫生工作人员更早地监控疾病的爆发,同时对疾病感染的人数进行及时有效的控制。目前,Flu Trends还没有真正地在全球普及,但它已经为全世界超过25个国家提供了流感评估的功能,包括欧洲、南北美洲、大洋洲及亚洲的部分地区。对于某些用户不希望被谷歌跟踪自己每次的生病信息这一问题,谷歌通过对每周的查询信息进行聚合匿名统计来解决。

(三)大数据服务智能电网

1.智能电表用电信息采集

随着智能电网的提出,智能电表得到了极大的普及,目前全国范围内至少有 1 亿块智能电表在使用。这不仅极大地方便了普通用电用户,而且电力公司也因此收集了大量的用电数据。这些海量数据在日积月累的过程中逐渐给用电信息采集系统带来了存储和计算的压力,而且随着业务的不断深化,智能电表历经多次升级换代,采集项数翻了几倍,采集频率也逐步从 1 天 1 次向 15 分钟 1 次(96 次/天)升级。以某用电用户超过 2000 万户的省电力公司来说,一天的数据入库量接近 20 亿次,再加上实时统计分析的要求,原有基于"小型机+Oracle RAC"的系统架构已无力支撑。

在这种情况下,该省电力公司对基于清华大学苏研院大数据处理中心的,以 Hadoop 为基础的 HBase 解决方案,进行了用电数据的存储和结果查询,并使用 Hive 进行相关的统计分析。经过业务梳理,选择了三个计算场景和一个查询场景进行尝试。通过实际业务数据的计算对比,三个计算场景用时比现有系统快 10~20 倍,查询场景的响应时间则缩短了两个数量级,而整体集群的硬件造价仅为现有系统的 1/6,并且还具备极佳的横向扩展能力。

这是一个典型的传统企业应用大数据的案例,通过新技术的引进,该企业不仅可以满足现有的业务要求,而且由于收集了大量实时的用电数据,也为未来用电行为分析、负荷预测、阶梯电价、能效管理、盗电检测及电网规划等业务应用提供数据支撑。

2.运营监控系统中的流处理应用

本案例中的企业是一家大型国有企业,在全国 20 多个省、区、市拥有分公司。为了达到统一运营监管的目标,该企业投产了一套基于传统 IOE 架构的运营监控系统,用以监管包括每月 3 亿用户的销售数据和近万家子公司、三产单位的财务变动数据在内的几百个运营指标。该系统采用多级部署的方式,由各级单位每 15 分钟逐级上报汇总数据。

随着业务开展的深入,该企业提出了实时监控的目标,并且将上报数据的内容改成各级单位上报明细数据,由总部进行统计和计算。这一改变为运营监控系统带来了巨大的压力。由于系统采用定时触发存储过程的批量计算方式,随着明细数据的爆炸式增长,每次计算过程用时甚至超过了 1 小时,离满足实时监控需求的目标相差甚远。

为解决实时计算的问题,清华大学苏研院大数据处理中心定制了基于流计算的解决方案,与原有系统进行对接和集成。系统中原始数据的变动是大量的、随机的、持续不断的,而计算是以一定的时间窗口为单位的,这些都符合流计算的特征。最终,基于 Storm 的流处理平台定制开发成功,选择了包含资金流入、资金存量、资金流出等在内的近 20 个指标进行试点计算。具体计算步骤为利用消息队列将相关数据流导到流处理平台,流处理平台根据指标计算公式对原始数据进行实时计算,将其作为监控指标,并发送到消息队列,消息队列则将指标分别推送到数据仓库和多维展示区,如图 6-1 所示。

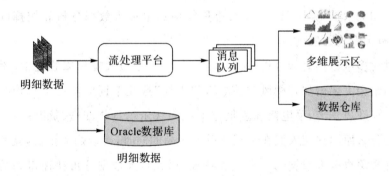

图 6-1　基于流处理的实时监控解决方案

借助一个小规模流处理平台,可以在 5 分钟之内完成所有指标的计算和监控预警,峰值时每秒可处理几百万个交易数据,这很好地满足了该企业的设计要求。并且由于 Storm 平台具备很好的横向扩展能力,可以通过增加集群规模的方式来满足不断增长的业务需要,提高计算时效,这是原有系统所不具备的功能。同时由于 Storm 平台使用廉价的 PC 服务器,使得建造成本远远低于先期的"小型机+Oracle RAC"的总体成本。

三、大数据提高商业决策水平

(一)沃尔玛的"飓风与蛋挞"

在数据挖掘行业中,沃尔玛的购物篮分析案例——"啤酒与尿布",已经成为众所周知的经典案例。出现"啤酒与尿布"现象的原因被归结为:周末都是爸爸负责去超市购物,他们在买尿布的同时,也顺便犒劳一下自己,买一些啤酒。沃尔玛根据这些数据分析结果,将尿布和啤酒放在一起出售,以方便客户和提高销量。实际上,沃尔玛对整个超市的货架摆放及进货和资金周转方向等方面的管理,都是数据分析的结果。在大数据时代,沃尔玛又再次为我们提供了一个经典案例——"飓风与蛋挞"。

近年来,美国部分地区饱受飓风影响。如何在飓风到来之前,为民众提供最好的服务,帮助民众、政府渡过危机,是沃尔玛大数据研究的一个课题。沃尔玛先将用户销售数据和货物数据放在一起进行分析,没有发现明显的特征。于是,沃尔玛将更多的相关数据,如天气、周边人流量等信息也加入数据分析和挖掘的数据源中,结果有了有趣的发现。

通过对多维数据进行分析,沃尔玛发现,每当季节性飓风来临之前,手电筒与蛋挞的销量会大幅增加,"飓风""手电筒""蛋挞"这几个词中间似乎有种神奇的联系。因而在飓风季节,手电筒和蛋挞也就成为沃尔玛货物配送、货架摆放的准则。但具体是什么原因促使人们在买飓风季节用品的同时,大量购买蛋挞,就不得而知了。这种现象也是大数据的一个显著特征,那就是大数据分析往往得到的是事物之间的关联关系,而不是因果关系。要解释这种关联关系背后的成因,还需要更加深入细致的调研分析。

这两个经典案例还存在一定的区别,"啤酒与尿布"的数据均来自内部系统,销售记录都属于沃尔玛的内部销售系统,通过标准的购物篮分析就能发现;而"飓风与蛋挞"的数据则来自所有可能的数据源,不再仅仅局限于内部数据。大数据思想的另一个核心就在于使用全量数据,把它们放在一起,观察"化学反应"。

(二)传媒出版

根据丹尼斯·麦奎尔的《麦奎尔大众传播理论》中的"使用与满足"理论,受众使用媒体是为了达到某种满足感。"受众"是指大众传播活动的接受者或大众传播媒介的接触者和大众传播内容的使用者。"受众的满足模式"(Gratification Set)这一术语是指受众形成并改善受众对与媒介相关的兴趣、需求与偏好的多重可能性。这一概念意味着受众是属于分散各处、无相互联系的个人集合体。然而,现在受众兴趣的范围越来越广阔,每一种形态的媒介(电影、书籍、杂志、广播、唱片等)都能够以种种方式来涵括其潜在的受众需求。在高度差异化和"量身定制"供应之下而产生的读者、观众和听众,尽管具备某些共同的社会人口学特征,但是看起来却似乎没什么集体意识。因此,想要充分满足受众需求,达到为受众"量身定制"的效果就必须对受众进行全方位分析。而在新媒体时代,互联网和手机等媒体为用户提供了更为自主的选择空间,所以新媒体的传播者更需要对受众的选择和使用进行分析,使他们能更好地掌握受众的喜好,预测受众的行为,使他们制作的媒体内容能更好地满足受众,更受欢迎。

人们在生活中每天都在产生各种各样的动作和行为,而伴随着这些动作和行为产生着各种各样的数据,这些数据显性或者隐性地透露着人们的性格、兴趣、爱好等。随着新媒体的兴起和普及,每天所产生的这些数据得以被记录下来。通过对这些数据的记录、分析,我们能够较为准确地了解一个个鲜活的个体,乃至对这个个体的下一个动作做出精准预测。那么,如何进行准确的分析和预测,就是大数据挖掘需要探讨的问题了。有人说大数据的路上遍地都是黄金,是否确实如此笔者不敢确定,但是,伴随着大数据挖掘而来的商机确实是无限的,国内、国外许多大数据分析公司纷纷如雨后春笋般出现,而一些本身从事相关行业的知名公司也都争相投入数据挖掘、分析之中。

仔细观察生活的人,应该已经发现了,不少视频网站、在线视频播放器等页面广告的内容,已经能够根据用户在购物网站的搜索记录有针对性地投放相应广告内容。国内网络广告投放正从传统的面向群体的营销转向个性化营销,从流量购买转向人群购买。虽然市场大环境不算太好,但是具备数据挖掘能力的公司却备受资本青睐。移动互联网与社交网络兴起将大数据带入新的征程,互联网营销将在行为分析的基础上向个性化时代过渡。创业公司应用大数据告诉广告商什么是正确的时间,谁是正确的用户,什么是应该发表的正确内容等,这正好切中了广告商的需求。社交网络产生了海量用户及实时和完整的数据,同时社交网络也记录了用户群体的情绪,通过深入挖掘这些数据来了解用户,然后将这些分析后的数据信息推给需要的品牌商家或微博营销公司。

就国内而言,将大数据分析、预测与媒体内容相结合可能还只是在广告层面小试牛刀。国外媒体则在运用大数据进行受众分析方面走得更远。通过用户的视频浏览记录,推断用户的兴趣点,有针对性地推荐影视剧和节目;通过对数字电视用户的点播、观看数据的分析对用户喜好进行预测,有针对性地投放电视节目;通过对用户对于电视剧或者综艺节目的观看数据及评价数据进行分析,对大众口味进行大胆预测,作为制作下一个影视剧或综艺节目的重要参考数据等。Netflix 网站就大胆地希望依靠大数据分析,让其流媒体服务成为下一个 HBO 电视网。不论 Netflix 是否能最终成为下一个 HBO 电视网,如果他们依靠大数据进行受众分析并对用户喜好进行预测的计划得以奏效,那么都将彻底颠覆以往传统的电视收看习惯。据 Netflix 称,他们将动用其 2900 万用户的庞大数据库进行分析,对用户的喜好和视频选择进行分析、预测。通过这样的数据分析,不仅能够对受众偏好、兴趣等有一个较为概括的认识,而且能够对节目的受欢迎程度,以及什么题材、话题受到更多的追捧有一个较为准确的认知,在今后的选材和内容制作上也有更大的把握。

大数据应用不仅限于视频和电视这样的小荧幕,大荧幕的大数据应用也同样开始扬帆起航。过去,人们评价一部电影成功与否,基本是单纯地以票房收入的多少为依据的。但是,IBM 和南加利福尼亚大学安纳堡创新实验室的最新研究表示,他们能够借助大数据提供一种全新的方式来对一部电影的成功与否进行更为准确客观的测评。他们实现该方式的基础是,观众在观看影片的同时登录 Twitter 或者 Facebook 的大事件页面,实时发表对于该影片的评论,或者向片方询问各种他们在观影过程中所产生的疑问。

IBM 则根据受众产生的这些数据进行分析,并实时地进行更新。安纳堡创新实验室的教授 Jonathan Taplin 表示,通过这种方式,影片制作方能够实时了解受众对于影片的态度。从传播学角度看,这样的方式不仅能够使制片方受益,而且赋予了受众更多的主动权,以及增强了受众和媒介的双向互动。以往大荧幕电影在与受众的互动性上就远远不及小荧幕,和在线视频更是没有可比性。通过这种方法,受众的声音能够及时得以传递,并反馈到制片方,可以说,这是某种程度上的飞跃。

第二节　行业应用架构设计实例

一、Hadoop 平台在金融银行业的应用架构

（一）金融银行业现状

随着我国金融银行业的发展和网络通信基础设施水平的提高，金融银行业信息化已经逐渐普及，但是随着互联网技术和应用的飞速发展，许多新兴的支付方式不断涌现，金融银行业的数据信息量也在快速增长，相关业务数据量急剧上升，金融银行业即将进入大数据时代。

由于关系型数据库先天性不足，巨大的数据量会给传统的关系型数据库模式带来巨大的挑战。因此，目前金融银行业采取的普遍应对策略是：①增加核心系统的机器性能和存储空间，提高业务数据处理能力；②备份历史数据，减少核心系统的数据存储量，减轻核心系统的压力，从而提高业务数据处理能力。但是采取以上策略会导致以下不足：①增加机器性能和存储空间，直接加大了核心系统运营维护成本；②大量数据离线存储，导致客户无法快速获得交易信息，降低客户满意度，导致客户流失；③由于大量数据离线存储，银行企业无法分析全量业务数据，无法正确把握银行业发展方向，从而不利于银行企业竞争和快速发展。

（二）Hadoop 技术的发展现状

Hadoop 平台架构是对传统架构的颠覆和革新，它可以实现低成本的海量数据存储，完全支持分布式计算，支持高级数据挖掘算法模型，将大数据的挖掘应用推上了一个新的高度。

Hadoop 技术目前已经在互联网行业和电子商务行业得到了广泛的应用，它可以实现海量数据的低成本存储、数据的高效计算和数据分析。目前，阿里巴巴集团采用 Hadoop 技术实现了淘宝商品数据存储和交易数据动态分析，已经为他们带来了巨大的利润。Hadoop 技术在应对大数据时代方面的优势十分明显，越来越多的企业会采用这种技术解决他们面临的大数据问题。

(三)Hadoop 技术在金融银行业的应用架构

基于 Hadoop 技术的特点,Hadoop 技术可以用来存储银行业的离线数据,并开发相应的算法对这些数据进行挖掘分析,提高银行企业对历史数据的利用价值。

目前,银行企业的业务基本逻辑架构由外围系统、前置业务系统和核心业务系统组成,如图 6-2 所示。

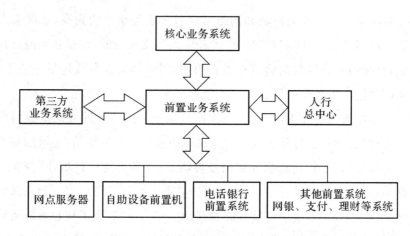

图 6-2　银行企业的业务基本逻辑架构

外围系统:负责直接与客户进行交互,提供业务服务,所有与银行业务相关的系统,均可以归为外围系统。

前置业务系统:负责接收来自外围系统的交易数据,然后根据交易码的不同,转送不同的核心系统进行处理,同时把从核心系统返回的处理结果返回到外围系统。

核心业务系统:负责处理所有交易业务的具体实现。

银行企业使用 Hadoop 平台技术的基本思路是:保持原有系统架构不变;在核心系统层,增加 Hadoop 平台系统,实现核心系统的历史数据存储备份;对外提供数据查询服务;根据数据存储特点,提供数据挖掘处理服务。

增加 Hadoop 平台系统后,银行业务基本逻辑架构如图 6-3 所示。

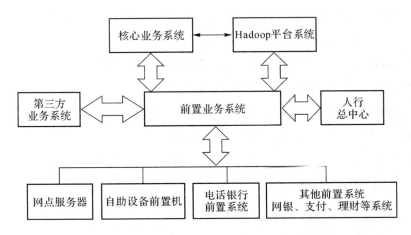

图 6-3　增加 Hadoop 平台系统后的银行业务基本逻辑架构

外围系统:不发生变化。

前置业务系统:根据不同的业务代码,将外围系统的某些查询业务转送到 Hadoop 平台系统中进行处理,然后将处理结果返回到外围系统。

核心业务系统:定时备份需要的核心数据到 Hadoop 平台系统中,以实现某些查询业务的需求。

Hadoop 平台系统:根据业务需求,利用从核心系统导入的历史数据,对业务交易进行处理,并将处理结果通过前置业务系统返回到外围系统,也可以将处理结果返回到核心系统的数据仓库,以供某些报表功能展示。

Hadoop 平台系统为了满足金融领域的服务需求,系统内部架构采用 MVC (Model-View-Controller,模型－视图－控制器)的模式进行设计。系统上层通过接口模块和展示模块从外部系统获取资源,然后将处理后的结果通过展示模块进行展示。系统中间处理层会针对不同的业务需求提供不同的业务处理功能模块,对数据进行加工处理和数据算法挖掘,以便生成满足需求的各种数据。系统底层利用 Hadoop 平台系统,进行数据大规模存储,提供 HBase 数据库,进行非结构化的数据存储。

通常采用的功能模块结构如图 6-4 所示。

源数据模块:主要功能是为系统提供加工处理的源数据。在金融银行业中,这些源数据是他们的核心业务数据。

接口模块:主要功能是针对不同的数据源和数据格式,提供对应的数据导入处理方法。

功能应用模块:主要功能是根据业务处理需要和系统运行需要提供对应的功能处理模块,功能应用模块中包含数据挖掘算法、业务处理流程等。

数据模块:主要功能是提供 HBase 数据库,对非结构化数据进行统一存放管理,提供 HDFS 文件系统,提供数据多副本备份存储管理。

展示模块:对处理后的结果进行 Web 页面展示,同时还要根据原有系统的需求,提供不同的数据展示处理方式。

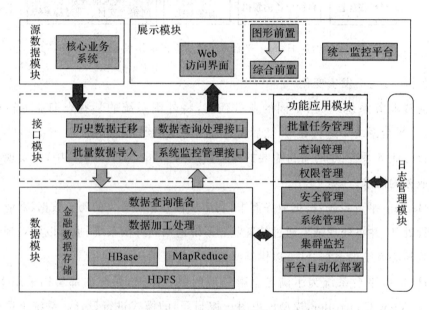

图 6-4　功能模块结构

金融银行业对数据存储的安全要求非常高,因此系统必须设计异地容灾备份存储。应将 Hadoop 平台系统软件在不同的机房集群中进行部署,系统采用主备集群的模式进行部署,通常采用的物理部署结构如图 6-5 所示。

(四)Hadoop 技术的架构优势

将上述架构方案引进金融银行业中,可以充分发挥 Hadoop 以下优势。

(1)充分发挥 Hadoop 平台技术的存储优势。Hadoop 平台可以提供 PB 级的数据存储,可以把银行业务产生的所有业务数据都存储到 Hadoop 平台系统中,实现海量数据存储。

（2）充分利用 Hadoop 平台技术的海量数据快速搜索功能。百万亿条记录,毫秒级搜索结果,可以为用户实时提供任何交易时间的交易数据,提高了客户的满意度,实现了以客户为中心,提高了银行的竞争力。

（3）充分利用了 Hadoop 平台技术的数据挖掘功能。可以根据业务需求,编写数据挖掘算法,利用交易数据,快速定位企业非法洗钱的交易记录,为监管帮忙提供了有力的技术支撑。

（4）利用 Hadoop 平台系统承担了核心系统某些消耗性交易(例如:账号历史数据打印查询功能的交易),让核心系统更好地处理实时交易业务,充分发挥传统数据库的优势,做到优势互补,从而保证金融银行业 IT 信息系统的持续健康发展。

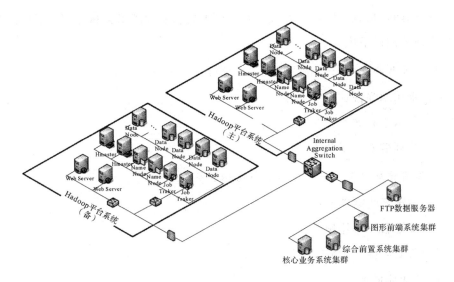

图 6-5　物理部署结构

目前,天云大数据公司已经将上述架构解决方案成功应用到某银行的历史数据查询系统中,实现了查询该银行所有账号的交易历史记录时毫秒级响应获得结果。Hadoop 平台技术将为金融银行业应对大数据时代的到来提供强有力的技术保证。

二、医疗行业大数据基础架构

随着医院信息化进程的逐步深入,医疗信息系统的应用越来越多,环境也变得越来越复杂,这无形中增加了 IT 人员管理维护系统的难度。同时,随着应用系统的不断增加,数据量也相应大幅度增长,这就给原有的信息基础架构提出了更高的要求:

(1)提高系统数据整体安全性,避免因数据丢失导致的公共事件的发生;

(2)平滑地提供更大的存储空间;

(3)加快数据响应速度;

(4)增强数据吞吐能力;

(5)提供灵活的资源调配能力(包括服务器和存储)。

并且,随着信息系统在医院教学和管理中的重要性越来越高,信息主管部门越来越多地关注以下内容。

1.如何解决应用系统和数据容量迅速增长带来的问题

(1)利用率降低;

(2)成本不断增加;

(3)管理越来越复杂等。

2.如何满足关键应用系统的业务连续性要求

(1)关键系统高性能;

(2)关键服务不停顿;

(3)关键数据不丢失。

(一)架构原则

医疗大数据基础架构建设遵循以下五个方面的原则。

(1)集中存储:降低业务系统复杂度,降低故障风险,降低数据丢失风险,提高管理效率。

(2)分层存储:针对不同业务系统数据的特性,将数据分布在 SSD、SAS 和 SATA 磁盘上,最大化提高系统运行效率,降低建设成本。根据数据访问频度,自动调整数据存储位置,最大化提升系统整体性能,智能化加快医院业务流程,提升医疗 IT 效率。

（3）统一备份：完整的每日数据备份，有助于在灾难发生时，提供最近时间点的数据备份，降低数据丢失风险。数据远程镜像和持续数据保护（Continuous Data Protection，CDP）不能作为备份的替代解决方案。

（4）业务连续性医院业务系统需要 7～24 小时不间断运行，一旦应用系统服务器发生故障，将导致整个医院业务系统中断。服务器系统集群能够使业务系统主机在发生故障时，将业务切换到备用主机系统继续提供服务，确保医院业务系统的高可靠性运行。容灾系统能够使医院信息系统在主运营中心发生灾难时，快速地在容灾中心恢复医院的业务系统，将故障恢复时间降到最短。

（5）虚拟化：虚拟化能极大降低医院信息中心服务器系统的结构复杂度，降低管理难度，降低运营成本。在容灾中心建立虚拟化服务器系统，有助于快速恢复业务系统，降低系统恢复时间，降低容灾中心建设成本。虚拟化系统的虚拟机自动迁移（V-Motion）功能能够提供业务系统的安全运行级别。利用虚拟化技术，能够帮助医院建立双活数据中心，确保医院业务系统实现真正的无中断和业务系统连续性。

根据对医疗信息化系统的分析，可以总结出其核心应用系统的特点。

1. 数据库

数据库是整个医疗信息系统管理的核心，其主要特点是：

（1）数据类型有 SQT、Oracle 等；

（2）同时访问人数多，并发性能要求高；

（3）不能停机；

（4）数据量：医院级为几十 GB 到几百 GB，区域级为 TB 级。

2. 影像文件

影像文件的主要特点是：

（1）数据类型以静态医学影像图像和动态医学影像为主；

（2）同时访问人数较少，但传输数据量大，带宽要求高；

（3）数据量很大且增长很快，从几 TB 到几十 TB；

（4）数据安全性方面，要求长期保存，保存时间长。

根据性能和可用性的分析，可以得出相应推荐的存储系统架构，如表 6-1 所示。

表 6-1 存储系统框架

应用	数据类型	性能	容量	数据保护	连续性	典型存储架构			
						FC SAN	iSCSI	NAS	CAS
HIS	数据库	高	低	高	高	优选			
LIS	数据库	中	低	高	高	优选	可选		
CIS	数据库	中	低	高	高	优选	可选		
EMR	数据库/文件	中	中	高	高	可选		优选	推荐
RIS	数据库	高	低	高	高	优选	可选		
PACS	文件	中	高	高	高	可选		优选	推荐

(二)医院信息化整体基础架构解决方案

针对医疗信息化应用系统的存储需求，建议采用 FC SAN＋IP SAN＋NAS 的统一存储架构，如图 6-6 所示。

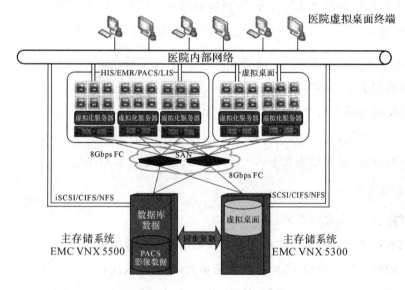

图 6-6 医疗信息中心系统架构

198

将医院的 HIS、LIS、CIS、RIS 等核心业务系统的核心数据库应用通过 FC 光纤通道链路进行连接,形成 FC SAN,实现高性能、高可用的存储。

针对医院 PACS 系统中的大量医学影像文件,采用 NAS 文件共享的方式提供服务,通过 NFS、CIFS 等文件传输协议实现海量医学影像的集中存储和快速文件检索。

将一些低压力应用系统通过 iSCSI 链路进行连接,形成 IP SAN,实现低成本、高效率的存储。

整体架构从以下两个方面综合设计,以满足业务连续性的要求。

(1)存储系统的高可用性:采用最新一代统一存储系统 EMC VNX 系列。提供业界最高性能中端存储系统。

(2)存储网络 SAN 的高可用性:采用双光纤交换机组成冗余 SAN 网络,配合主机上的双 HBA 卡和多路径管理软件(EMC PowerPath),实现数据访问通道的高可用。

三、智慧城市中的大数据架构

智慧城市就是运用新一代信息和通信技术手段感测、采集、存储、分析和整合城市信息运行系统的各项关键信息,对包括社会经济发展、政府职能管理及社会公共服务等在内的各种需求做出智能化响应,实现城市的智慧式管理和运行,进而影响、改变甚至颠覆传统的生产、生活的方式和内容,消除土地和建筑城镇化超前而人口和产业经济滞后这种矛盾,将原有的粗放式发展模式改变为科学、合理、有序的创新驱动和市场主导的发展模式,以满足城市的公平、绿色、和谐及科学可持续发展的社会要求。

(一)智慧城市的理念

智慧城市建设是以城市建设运行系统的充分整合与业务高效协同为目标,充分运用感知技术、信息技术和通信技术,对获取的有一定标准规范的、城市发展建设中的海量数据信息进行智能处理和分析,对公众服务、社会管理和产业发展等活动的各种需求做出智能化响应和智能化决策支持,从而构建城市发展的智能环境和全新城市形态。

智慧城市应具备以下关键特征。

(1)全面感知。城市中分布着大量的感知终端,通过传感器网络,捕捉到人们生活、生产及城市环境的多种信息数据。

(2)互联互通。城市中拥有快捷的互联通道,数据通过互联网、移动互联网和有线电视网等网络实现快速移动。

(3)全面分析。通过大数据处理平台将收集到的数据进行有效的集中存储和治理,并实现跨领域、跨业务的综合分析,将捕获的数据转变成有价值的信息。

(4)自我学习。通过数据挖掘和机器学习,可以从历史信息中提炼出相关的知识和经验,指导未来的分析和处理。

可以看出,智慧城市正如一个正常的人一样,可以感知周围及自身所发生的变化,并将这些变化以数据的形式及时传送到智慧城市的大脑——大数据处理平台。这个大脑会对数据进行存储、加工及处理,最终完成人们赋予智慧城市的各种职能。

(二)智慧城市信息系统模型

智慧城市是人类社会发展中的一种高阶形态,涉及内容广泛,包括经济、环境、人口、交通、医疗、教育和规划等方面。这就要求城市必须具备一套完备的信息系统,能够对大数据进行综合处理和应用。这样的信息系统如同人类的大脑,是智慧城市的核心"生理结构",也是一套非常复杂的系统。因此在规划和建设前,应当抽象出系统架构模型。模型的建立有助于人们系统理解信息系统的组成,理清不同子系统的逻辑层次和相互关系;明晰数据在系统中的流转方式及数据在不同阶段所面对的处理需求,从而为规划提供依据。

考虑到大数据所具有的特征及其引发的应用问题,智慧城市的信息系统应具备快速存储数据的能力、对大数据综合分析的能力、通过数据挖掘和机器学习发现知识形成智慧的能力、将知识可视化地展现给最终用户的能力。

智慧城市七层模型如图 6-7 所示。

(1)感知层。感知层利用智能终端、摄像头和传感器等,全面收集智慧城市中每个角落的数据,为智慧城市中的高层应用提供原始数据。

(2)传输层。传输层通过移动网络、无线网络、互联网、移动互联网和有线电视网络将不同数据终端产生的数据及时、完整地传输到物理存储设备。

(3)基础层。基础层包含了所有数据存储、计算的物理资源设备,对外表现为基于新型架构的数据中心,具备统一的物力资源管理能力。同时,这一层不仅是原始数据的物理载体,也会承载上层应用所发现的知识,因此不仅需要高性能的数据通道、存储和计算能力,同样也需要极高的安全保障。

(4)数据层。数据层相对于基础层而言是一个全面软件化的数据管理中心,负

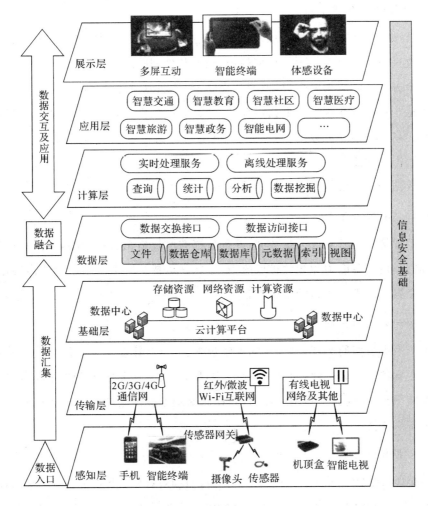

图 6-7　智慧城市七层模型

责所有数据的管理和服务,对外提供数据访问和数据交换业务。该层必须具备高
性能和高可扩展能力,另外数据管理标准也应该在该层实现。

(5)计算层。计算层为上层应用提供实时处理和离线处理服务,该层是处理数
据的核心层,必须具备高性能和高可扩展能力。

(6)应用层。应用层承担了智慧城市对外的所有应用服务,这些服务应根据当
地资源、经济发展和人口分布等特点进行建设。

(7)展示层。将不同应用的数据处理结果最终展现给用户。

（三）大数据处理平台

智慧城市的智慧核心是信息系统,而信息系统的关键是大数据处理平台,平台的能力直接决定了可以处理的数据种类、规模及处理的速度。基于该平台,智慧城市为各个方面的应用提供支撑,如智慧交通、智慧能源、智慧环保、智慧应急和智慧社区等这些均可以在该平台上获得存储、计算的数据资源,实现统一的智慧应用管理、数据容灾备份,降低数据在各类系统间的协同交换难度,实现数据的关联分析及深度挖掘等功能。

大数据处理平台的组成包括以下几个方面。

1. 云计算公共平台

由于智慧城市将集成大量数据,并且数据的增长是无法预计的,因此只有借助云计算的弹性资源能力和线性扩展能力,才能满足智慧城市基础平台的需要,从而实现一个具有高扩展能力的基础平台。

2. 统一的数据存储平台

由于采集数据的类型差异大,如视频数据、传感器数据乃至其他系统的关系型数据库数据都需要集中到智慧城市平台中,所以有必要研究支持多种数据类型的数据存储平台,实现数据的统一存储,并在此基础上提供大规模分布式存储及跨数据容灾备份支持。

3. 公共基础数据库平台

公共基础数据库,作为智慧城市基础平台的核心,对公共数据进行统一抽取存储,其应该包括基础空间数据库、人口基础数据库、企业基础数据库及宏观经济数据库等多种社会基础数据,由于大量的应用将使用该数据库平台中的数据,所以该数据平台必须支持结构化数据库、非结构化数据库、空间数据库及实时数据库等多种数据库的特性。

4. 数据共享交换平台

为了满足各种数据交换需求,必须提供并制定数据接口、数据总线、数据交换协议,以及具备数据访问安全控制数据交换功能,因此需要建立数据共享交换平台。该平台在数据交换基础上还将提供智慧路由、实时服务、异步服务、安全控制、发布订阅、异常处理、格式转换、内容过滤、服务的注册和查找以及业务数据跟踪和归档等服务。

5.智能数据统计分析平台

智慧城市平台的核心是智能数据统计分析功能,智能数据统计分析平台提供数据获取平台、数据计算平台和分析应用平台,具备大数据的查询、统计、分析、挖掘、预测和展示等功能,通过对数据的分析挖掘,提供相应的辅助决策等功能,最终真正实现智慧城市的建设。

6.数据的展示和交互平台

支持丰富的数据展示模式和基于数据的互动,方便大数据应用的各种展示,满足互动需求。

图 6-8 是一个典型的大数据处理平台的架构。

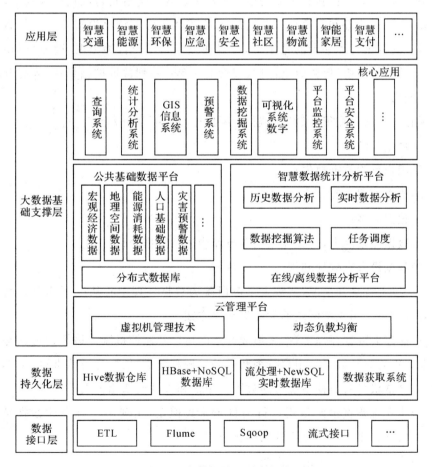

图 6-8　大数据处理平台架构

第三节 企业大数据系统架构实例

一、航空公司信息化数据集成平台架构

国内某航空公司正面临巨大的数据压力,为了满足信息化发展的需要,满足客户的核心诉求,迫切需要建立一个既能够支持产品决策和产品运营,同时又能强化航空公司对用户和市场的掌控力的信息化数据集成平台,确保所有运营数据和历史信息均能够成为可信赖的数据资产,帮助网站的运营从经验导向型转变为分析导向型,并成为业务创新和企业变革的推动力。这个平台将打破信息孤岛,有效地整合数据,使得业务和管理部门的各级人员随时获得可转化为洞察力的信息。在这个坚实的数据管理平台的基础上,可以通过实施用户行为习惯、商业价值、市场规律、产品价值分析、促销效果评估、搜索关注等一系列数据挖掘算法,来提升网站的服务能力。

现有的网站存在很多数据问题,主要集中在以下几个方面。

(1)数据分散;

(2)用户行为数据缺失;

(3)历史数据混乱;

(4)数据源多;

(5)数据体量巨大,已经无法在业务库中进行数据分析;

(6)数据没有有效地利用。

针对以上背景和情况,清华大学苏研院大数据处理中心从以下几个方面来打造针对该航空公司直销网站的大数据解决方案。

(1)搭建大数据存储平台,并形成稳定的运行及监控机制。该平台可支持该公司未来3年的交易数据与用户行为数据的挖掘和分析,集群运行状态可24小时监控,发生异常状况时监控系统可通过手机短信和邮件通知相关人员。

(2)建立机票直销网站用户行为日志采集模型,实现用户行为日志数据的采集,并将数据转化为便于分析的结构化数据。

(3)建立完善的数据清洗机制。

（4）建立数据挖掘和分析的基础平台，为数据分析师的分析打好基础。

（5）基于大数据分析和挖掘平台完成用户分类、用户群体喜好分析、代理点分析、网站转化率模型建立、用户搜索分析、报表系统建立、爬虫分析、官网首页推荐等基础工作。

图 6-9 是航空公司大数据集成平台的架构。

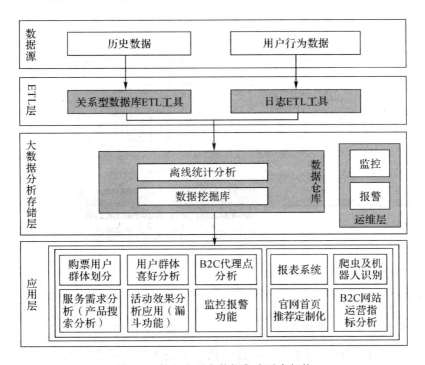

图 6-9　航空公司大数据集成平台架构

通过本项目的实施，在基于 x86 架构的 PC 服务器集群上达到了如下效果：存储的总数据量超过 50TB；对于 TB 级的数据分析任务能在分钟级内完成；航空公司一年的数据分析和单个的数据分析场景均可在 10 分钟以内完成。相对于 Oracle 存储节点，减少了 70% 以上的成本。

二、淘宝海量文件存储实践

TFS(Taobao File System)是一个高可用、高性能、高可扩展的分布式文件系统，它基于普通的 Linux 服务器构建，主要提供海量非结构化数据存储服务。TFS

被广泛地应用在淘宝的各项业务中。TFS 已在 TaoCode 上开源,提供给外部用户使用。

(一)架构简介

TFS 集群由名字服务器(Name Server)和数据服务器(Data Server)组成,如图 6-10 所示。

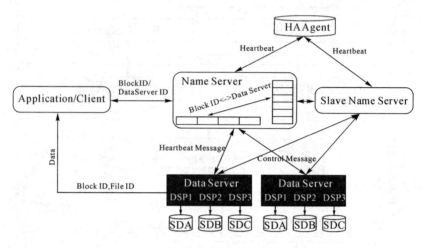

图 6-10　TFS 集群

TFS 以数据块(Block)为单位存储和组织数据,Block 大小通常为 64MB(可配置),TFS 会将多个小文件存储在同一个 Block 中,并为 Block 建立索引,以便快速在 Block 中定位文件。每个 Block 会存储多个副本到不同的机架上,以保证数据的高可靠性。每个 Block 在集群中拥有全局唯一的数据块编号(Block ID),Block ID 由 Name Server 创建时分配,Block 中的文件拥有一个 Block 内唯一的文件编号(File ID),File ID 由 Data Server 在存储文件时分配,Block ID 和 File ID 组成的二元组唯一标识一个集群里的文件。

Name Server 服务部署时采用 HA 来避免单点故障,两台 Name Server 服务器共享一个虚拟 IP 地址(Virtual IP,VIP)。正常情况下,Name Server 主服务器持有 VIP 提供的服务,并将 Block 修改信息同步至备用服务器,HA Agent 负责监控 Name Server 主服务器和备用服务器的状态,当其检测到主服务器宕机时,HA Agent 将 VIP 切换到备用服务器上,备用服务器就切换为主服务器来接管服务,以保证服务的高可用性。

Data Server 服务器部署时通常会在一台机器上部署多个 Data Server 进程,每个进程管理一块磁盘,以便充分利用磁盘 IO 资源。Data Server 启动后,会向 Name Server 汇报其存储的所有 Block 信息,并周期性地给 Name Server 发送心跳信息,Name Server 则根据心跳信息来管理所有的 Data Server。当 Name Server 超过一定时间没有收到 Data Server 的信息时,则认为 Data Server 已经宕机,Name Server 会将该 Data Server 上存储的 Block 进行复制,使得 Block 副本数不低于集群配置值,保证系统存储数据的可靠性。

(二)存储机制

Name Server 上的所有元信息都保存在内存中,并不进行持久化存储。Data Server 启动后,会将其拥有的 Block 信息汇报给 Name Server,Name Server 根据这些信息来构建 Block 到 Server 的映射关系表。根据该映射关系表,Name Server 为写请求分配可写的 Block,为读请求查询 Block 的位置信息。Name Server 有专门的后台线程轮询各个 Block 和 Server 的状态,在发现 Block 缺少副本时复制 Block(通常是由 Data Server 宕机导致的)。在发现 Data Server 负载不均衡时,迁移数据来保证服务器间的负载均衡。

TFS 写文件流程如图 6-11 所示。Name Server 在分配可写 Block 时,简单地采用 Round Robin 的策略分配。这种策略简单有效,其他根据 Data Server 负载来分配的策略,实现较复杂。同时由于负载信息不是实时的,实践证明,根据过时的信息来分配 Block,其均衡效果并不好。当文件成功写入多个 Data Server 后,会向 Client 返回一个由集群号、Block ID、File ID 编码组成的文件名,然后 Client 通过该文件名即可从 TFS 访问到存储的文件。在 Data Server 上,每个 Block 对应一个索引文件,索引中记录了 Block 中每个文件在 Block 内部的偏移位置以及文件的大小。

当 Client 读取文件时,首先根据文件名解析出文件所在的 Block 信息,从 Name Server 上查询 Block 所在的 Data Server 信息,并向 Data Server 发送读请求。如果从某个副本读取失败,Client 会重试其他的副本;Data Server 接收到 Client 的读请求时,通过查找 Block 的索引就能快速得到文件的位置,从 Block 的相应位置读取数据并返回给 Client。

当 Client 删除 TFS 里的文件时,服务器端并不会立即将文件数据从 Block 里删除掉,只是为文件设置一个删除标记。当一个 Block 内被删除的文件数量超过一定比例时,Client 会对 Block 进行整理,以回收删除文件占用的空间。删除任务通常在访问低峰期进行,以避免对正常的服务造成影响。

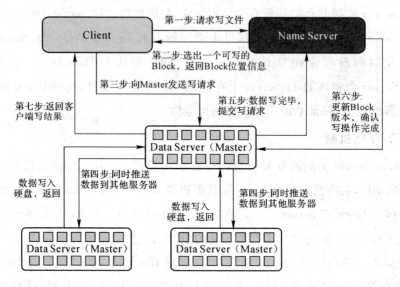

图 6-11   TFS 写文件流程

Client 负责完成读、写、删 TFS 文件的基本逻辑,并在失败时主动进行故障切换。为了提高 Client 读取文件的效率并降低 Name Server 的负载,Client 会将 Block 到 Data Server 的映射关系缓存到本地,由于 Block 到 Data Server 的映射关系一般只在发生数据迁移的时候才会发生变化,所以一旦本地 Cache 命中,大部分情况下都能从 Cache 里获取要在 Data Server 上访问的文件。如果 Cache 已经失效(Block 被迁移到其他 Data Server),客户端最终会从 Name Server 获取 Block 最新的位置信息,并从最新的位置上读取文件。在实际应用中,通常客户端能使用的系统资源比较有限,能够用于本地缓存的内存并不大,而集群中 Block 的数量有数千万个,从而导致本地缓存的命中率并不高,为此 TFS 还支持远端缓存,将 Block 到 Data Server 的映射关系缓存在 Tair 中(Tair 是淘宝开源的分布式 Key/Value 存储系统),应用 Tair 缓存的命中率非常高,这使得绝大部分的读请求都不需要经过 Name Server。

根据业务的需求,TFS 还实现了对自定义文件名和大文件存储的支持。支持这两种业务场景并没有改变 TFS 服务器端的存储机制,而是通过提供新的服务、封装 Client 来实现的。对于自定义文件名的存储服务,TFS 提供单独的元数据服务器(Metaserver)来管理自定义文件名到 TFS 文件名的映射关系。当用户存储一个指定文件名的文件时,Client 首先将其存储到 TFS 中,得到一个由 TFS 分配的文件名,然后将用户指定的文件名与 TFS 文件名的映射关系存储到 Metaserver。当读取自定文件名的文件时,Client 则会先从 Metaserver 查询该文件名对应的 TFS 文件名,然后从 TFS 里读取文件。对于大文件的存储,Client 会将大文件切分为多个小文件(通常每个 2MB)分片,并将每个分片都存储到 TFS,得到多个文件名,然后将多个文件名作为新的文件数据存储到 TFS,得到一个新的文件名(该文件名与正常的 TFS 文件有着不同的前缀,以区分其存储的是大文件的分片信息),当用户访问大文件时,Client 会先读出各个分片对应的 TFS 文件名信息,再从 TFS 里读出各个分片的数据,重新组合成大文件。

TFS 提供了标准的 C++客户端供开发者使用,同时由于淘宝内部业务主要使用 Java 进行开发,因此 TFS 也提供了 Java 客户端,每增加一门新语言的支持,都是在重复地实现客户端访问后端服务器的逻辑。当客户端发布给用户使用后,一旦发现 Bug,需要通知已经在使用的数百个应用来升级客户端,升级成本非常之高。TFS 通过开发 Nginx 客户端模块(已在 Github 开源)来解决该问题,该模块代理所有的 TFS 读写请求,向用户提供 RESTful 的访问接口。Nginx 模块上线使用后,TFS 的所有组件升级都能做到对用户透明公开,同时支持一门新语言访问 TFS 的成本也变得非常低,只需要按照协议向 Nginx 代理发送 HTTP 请求即可。

(三)平滑扩容

对于存储系统而言,除了保证数据的可靠存储外,支持容量扩展也至关重要。TFS 对集群的扩容支持非常友好,当集群需要扩容时,运维人员只需要准备好扩容的新机器,部署 Data Server 的运行环境,启动 Data Server 服务即可。当 Name Server 感知到新的 Data Server 加入集群时,会在新的 Data Server 上创建一批 Block,用于提供写操作。此时新扩容的 Data Server 就可以开始提供读写服务了。

由于 TFS 前端有淘宝 CDN 缓存数据,最终回源到 TFS 上的文件访问请求非常随机,基本不存在文件热点现象,所以 Data Server 的负载与其存储的总数据量基本呈正比关系。当新 Data Server 加入集群时,其在容量使用上与集群里其他的

Data Server 差距很大,因此负载上差距也很大。针对这种情况,Name Server 会对整个集群进行负载均衡,将部分数据从容量较高的 Data Server 迁移到新扩容的 Data Server 里,最终使得集群里所有 Data Server 的容量使用情况保持在一个尽量接近的水平上,让整个集群的服务效率最大化。

(四)机房容灾

TFS 集群通过多副本机制来保证数据的可靠性,同时支持多机房容灾,具体做法是在多个机房各部署一个 TFS 物理集群,多个物理集群的数据通过集群间的同步机制来保证数据互为镜像,构成一个大的逻辑集群。

典型的逻辑集群部署方式为一主多备,主集群同时提供读写服务,备集群只提供读服务,主集群上存储的所有文件都会由对应的 Data Server 记录同步日志,日志包含文件的 Block ID 和 File ID 以及文件操作类型(写、删除等),并由 Data Server 的后台线程重放日志,将日志里的文件操作应用到备集群上,保证主、备集群上存储的文件数据一致。

对于异地机房的容灾,如果多个机房的应用都对所在机房的 TFS 集群有写操作,则需要采用多个主集群的部署方式,即逻辑集群里每个物理集群都是对等的,同时对外提供读写服务,并将写操作同步到其他的物理集群。为了避免多个主集群同时写一个 Block 造成的写冲突,每个主集群按照指定的规则分配 Block ID 用于写操作。以两个主集群为例,1 号主集群在写文件时只分配奇数号的 Block ID,而 2 号主集群在写文件时只分配偶数号的 Block ID;奇数号 Block 的写操作由 1 号集群向 2 号集群同步,而偶数号 Block 的写操作由 2 号集群向 1 号集群同步。

对于支持多机房容灾的集群,TFS 客户端提供了 Failover 的支持,客户端读取文件时,会选择离自己最近的物理集群进行读取,如果读取不到文件(该物理集群可能是备集群,该文件还没有从主集群同步过来),客户端会尝试从其他的物理集群读取文件。

(五)运维管理

TFS 在淘宝内部部署了多个集群、上千台服务器,有数百个应用访问,TFS 将所有的资源信息存储在 MySQL 数据库里,通过资源管理服务器(RC Server)进行统一管理。

　　独立的多个集群在配置上通常是不同的,比如有的集群要求 Block 存储两个副本,而有的集群则要求有更高的可靠性,每个 Block 存储三个副本。为了避免配置文件错误,每个集群在 MySQL 数据库里都有一套配置模板,在机器上线时,直接根据模板来生成配置文件。

　　每个集群的部署信息会在集群上线时由运维管理人员添加到 MySQL 数据库里,比如一个逻辑集群里有哪些物理集群、每个物理集群的访问权限等。当内部应用需要使用 TFS 时,TFS 会给每个应用分配一个 AppKey,同时根据应用的需求为其分配集群存储资源。当 TFS 客户端启动时,会根据 AppKey 从 RC Server 上获取应用的所有配置信息,根据配置信息来访问 TFS 的服务;Client 与 RC Server 间会周期性地进行死连接检测,Client 将应用读写文件的统计信息汇报给 RC Server,RC Server 将针对该应用的最新配置信息带回给 Client。比如当某个集群出现重大问题时,可以修改 MySQL 的配置,将应用切换到正常的集群上访问。

　　为了尽早发现问题,运维人员会在所有的 TFS 机器上部署监控程序,监视服务器的服务状态、监控集群的容量使用情况等。当发现有磁盘或机器故障时,自动将其下线;当发现集群的容量使用超过警戒线时,主动进行扩容。

　　TFS 主要发展方向一直是在保证数据可靠性的基础上提高服务效率、降低存储以及运维成本。目前 TFS 正准备将 Erasure Code 技术应用到系统中,用于代替传统的副本备份策略,该项目的上线预计会使 TFS 的存储成本降低 25%～50%。

三、新浪微博用户兴趣建模系统架构

　　在微博环境下,构建微博用户的个人兴趣模型是非常重要的一项工作。从可行性方面而言,微博是一个用户登录后才能正常使用的应用,而且用户登录后会有阅读、发布、关注等多种用户行为数据,围绕某个特定用户可以收集到诸多个性化信息,所以微博环境是一个构建用户兴趣模型的理想环境。从用户兴趣建模的意义来说,如果能够根据用户的各项数据构建精准的个人兴趣模型,那么该模型对于各种个性化的应用比如推荐、精准定位广告系统等都是一种非常有用的精准定位数据源,可以在此基础上构建各种个性化应用。

　　事实上,新浪微博在 2011 年已经构建了一套比较完善的用户兴趣建模系统,目前这套系统挖掘出的个人兴趣模型数据已经应用在 10 多项应用中。通过对用户发布的内容以及社交关系的挖掘,可以得出很多有益的数据。具体而言,每个微博用户的兴趣描述包含以下三个方面:用户兴趣标签、用户兴趣词和用户兴趣分类。用户兴趣标签是通过微博用户的社交关系推导出的用户可能感兴趣的语义标签;用户兴趣词是通过对用户发布微博或转发微博等内容属性来挖掘用户潜在兴趣;用户兴趣分类则是在定义好的三级分类体系中,将用户的各种数据映射到分类体系结构中,比如某个用户可能对"体育/娱乐明星"等类别有明显兴趣点。以上三种个性化数据中,用户兴趣标签和用户兴趣词是细粒度的用户兴趣描述,因为可以具体对应到实体标签一级,而用户兴趣分类则是一种粗粒度的用户兴趣模型。

(一)微博用户兴趣建模系统整体架构

微博用户兴趣建模系统整体架构如图 6-12 所示。它由实时系统和离线系统两个子系统构成。因为每时每刻都有大量微博用户发布新的微博,实时系统需要及时抽取兴趣词和用户兴趣分类,而离线系统则优化用户兴趣系统效果。

每当有用户发布新的微博时,这条微博将作为新信息进入实时 Feed 流队列。为了增加系统快速处理能力,实时系统由多台机器的分布式系统构成。通过 Round Robin 算法将实时 Feed 流队列中新发布的微博根据发布者的 UID(User Identifier,用户标识符)分发到分布式系统的不同机器中。为了保证系统的容错

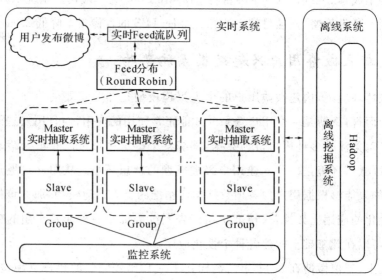

图 6-12　微博用户兴趣建模系统整体架构

性,由 Master 主机和 Slave 机器组成一个机器组,监控系统实时监控机器和服务的运行状态,一旦发现 Master 机器故障或者服务故障,则实时将服务切换到 Slave 机器,当故障机器恢复时,监控系统负责将服务切换回 Master 机器。

离线挖掘系统是构建在 Hadoop 系统上的,通过 MapReduce 任务来执行挖掘算法,目标是优化用户兴趣词挖掘效果。

(二)实时抽取系统

对于实时抽取系统来说,每台服务器可以承载大约 1 亿用户的用户兴趣挖掘。当用户发布微博后,此信息实时进入原始 Feed 流队列中,语义处理单元针对每条微博快速进行语义计算,语义处理单元采取多任务结构,依次对微博进行分词、焦点词抽取以及微博分类计算。焦点词抽取与传统的关键词抽取有很大差异,因为微博比较短小,采取传统的 TF-IDF 框架抽取关键词效果并不好,所以我们提出了焦点词抽取的概念,不仅融合传统的 TF-IDF 等计算机制,也考虑了单词在句中的出现位置、词性、是否是命名实体、是否是标题等十几种特征来精确抽取微博所涉及的主体内容,避免噪声词的出现。微博分类则通过统计分类机制将微博分到内部定义的多级分类体系中。

当微博经过语义处理单元处理后,已经由原始的自然语言方式转换为由焦点词和分类构成的语义表示。每条微博有两个关键的 Key:微博 ID 和用户 ID。经过语义处理后,系统实时将微博插入“Feed 语义表示 Redis 数据库”中,每条记录以微博 ID 为 Key,Value 则包含对应的 UID 以及焦点词向量和分类向量。考虑到每天每个用户可能会发布多条微博,为了能够有效控制“Feed 语义表示 Redis 数据库”的数据规模在一定范围内,系统会监控“Feed 语义表示 Redis 数据库”的大小,当大小超出一定范围时,将微博数据根据用户 ID 进行合并,进入“User 语义表示 Redis 数据库”。单机实时抽取系统架构如图 6-13 所示。

在用户不活跃时段,系统会将“User 语义表示 Redis 数据库”的内容和保存在 MySQL 中的用户历史兴趣信息进行合并,在合并时会考虑时间衰减因素,将当日微博用户新发表的内容和历史内容进行合并。为了提高系统效率,会设立一个历史信息缓存 Redis 数据库,将部分用户的历史数据读入内存,在内存完成合并后写入 MySQL 进行数据更新。

213

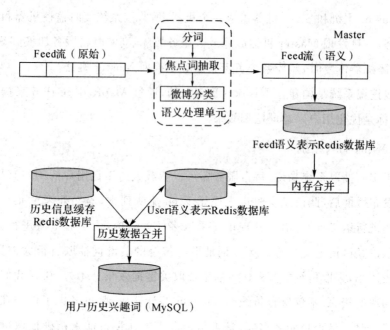

图 6-13　单机实时抽取系统架构

（三）离线挖掘系统

出于精准定位用户兴趣的目的,在实时抽取系统已经通过焦点词抽取以及历史合并时采取一些特殊合并策略来优化算法,但是通过实际数据分析发现,有些用户的兴趣词向量还包含不少噪声。主要原因在于:微博用户在发布微博或者转发微博时有很大的随意性,并非每条用户发布的微博都能够表示用户的兴趣。比如用户转发一条"有奖转发"的微博,目的在于希望能够通过转发中奖,所以其微博内容并不能反映用户兴趣所在。为了能够更加精准地从用户发布内容中定位用户兴趣词,我们通过对实时系统累积的用户历史兴趣进行离线挖掘来进一步优化系统效果。

离线挖掘的基本逻辑是:微博用户发布的微博有些能够代表个人兴趣,有些不能代表个人兴趣。离线挖掘的基本目标是对实时系统累积的个人兴趣词进行判别,过滤掉不能代表个人兴趣的内容,只保留能够代表个人兴趣的兴趣词。我们假设用户具有某个兴趣点,那么他不会只发布一条与此相关的微博,一般会发布多条语义相近的微博,是否经常发布这个兴趣类别的微博可以作为过滤依据。比如假设某个用户是苹果产品的忠实用户,那么他可能会经常发布与苹果产品相关的内容。但是问题在于,如何知道两条微博是否语义相近? 具体而言,通过实时抽取系统累积的用户兴趣已经以若干兴趣词的表示方式存在,那么问题就转换成:如何知道两个单词是否语义相近? 如何将语义相近的兴趣词进行聚类? 如何判别聚类后的兴趣词? 哪些可以保留,哪些需要过滤?

我们通过图挖掘算法来解决上述问题,将某个用户历史累积的兴趣词构建成一个语义相似图,任意两个单词之间的语义相似性通过计算单词之间的上下文相似性来获得,如果两个单词上下文相似性高于一定值,则在图中建立一条边。然后在这个图上运行 PageRank 算法来不断迭代给单词节点打分,当迭代结束后,将得分较高的单词保留作为能够表达用户兴趣的兴趣词,而将其他单词作为噪声进行过滤。

图 6-14 是兴趣词语义相似图的一个具体示例,通过这张图可以看出,如果用户某个兴趣比较突出,则很容易形成一个连接密集的子图。通过在词语义相似图上运行 PageRank 算法,语义相近的兴趣词会形成得分互相促进加强的关系,密集子图越大,其相互增强作用越明显,最后得分也会越高,所以通过这种方法可以有效识别噪声和真正的用户兴趣。

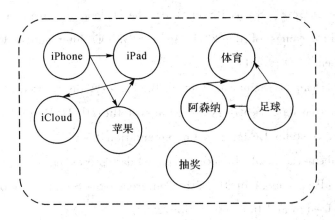

图 6-14　兴趣词语义相似图

在具体实现时,因为每次运算都是建立在单个用户基础上的,记录之间无耦合性,所以非常适合在 Hadoop 平台下使用 MapReduce 来分布计算,以提高运算效率。

[1] Aiyer A S,Bautin M,Chen G J,et al. Storage infrastructure behind Facebook messages:Using HBase at scale. [2016-07-12]. https://www. researchgate. net/publication/268203426 _ Storage _ Infrastructure _ Behind _ Facebook _ Messages_Using_HBase_at_Scale,2012.

[2] Baker J, Bond C, Khorlin A, et al. Megastore:Providing scalable, highly available storage for interactive services. Asilomar:5th Biennial Conference on Innovative Data Systems Research,2011.

[3] Barham P,Dragovic B,Fraser K,et al. XEN and the art of virtualization. ACM SIGOPS Operating Systems Review,2003,37(5):164-177.

[4] Borthakur D,Gray J,Sarma J S,et al. Apache Hadoop goes realtime at Facebook. Athens:Proceedings of the 2011 ACM SIGMOD International Conference on Management of Data,2011.

[5] Chang F,Dean J,Ghemawat S,et al. BigTable:A distributed storage system for structured data. Seattle:Proceedings of the 7th USENIX Symposium on Operating Systems Design and Implementation,2006.

[6] Dean J,Ghemawat S. MapReduce:Simplified data processing on large clusters. San Francisco:Proceedings of the 6th Conference on Symposium on Operating Systems Design and Implementation,2004.

[7] Erwin D W, Snelling D F. UNICORE:A Grid Computing Environment. Berlin:Springer Berlin Heidelberg,2001.

[8] Foster I, Zhao Y, Raicu I, et al. Cloud computing and grid computing 360-degree compared. Austin:Grid Computing Environments Workshop,2008.

[9] Foster I. Globus Toolkit Version 4:Software For Service-Oriented Systems. Network And Parallel Computing. Berlin:Springer Berlin Heidelberg,2005.

[10] George L. HBase:The definitive guide. Andre,2011,12(1):1-4.

[11] Glider G. Telecosm:The world after bandwidth abundance. Rev. ed. New York:Free Press,2002.

[12] Haykin S. Neural Network:A Comprehensive Foundation. 2nd ed. Upper Saddle River:Prentice Hall,1999.

[13] Helmreich S C,Cowie J R. Data-centric computing with the Netezza architecture. (2006-09-12)[2016-05-13]. http://xueshu. baidu. com/s? wd = paperuri% 3A%280609c270e30575aa766ff6a3a1ca82e9%29&filter = sc_long_sign&tn = SE_xueshusource_2kduw22v&sc_vurl = http%3A%2F%2Fdigital. library. unt. edu%2Fark%3A%2F67531%2Fmetadc830577%2F&ie = utf-8&sc_us=10736961067707088159.

[14] Keahey K, Freeman T. Contextualization:providing one-click virtual clusters. Washington D C:Proceedings of the 2008 4th IEEE International Conference on eScience,2008.

[15] Komacker M, Erickson J. Cloudera Impala:Real-time queries in Apache Hadoop,for real. (2012-10-11)[2016-04-12]. http://blog. cloudera. com/ blog/2012/10/cloudera-impala-real-time-queries-in-apache-hadoop-for-real/.

[16] Li Y L,Dong J. Study and improvement of Mapreduce based on Hadoop. Computer Engineering and Design,2012,33(8):3110-3116.

[17] Malewicz G,Austem M H,Dehnert J C,et al. Pregel:A system for large-scale graph processing. Indianapolis:Proceedings of the 2010 ACM SIGMOD International Conference on Management of Data,2010.

[18] Melnik S,Gubarey A,Long J J,et al. Dremel:Interactive analysis of web-scale datasets. Communication of the ACM,2010,3(12):114-123.

[19] Miller M. Cloud Computing:Web-Based Applications That Change the Way You Work and Collaborate Online. Que Publishing,2009.

[20] Neumann V. The computer and the Brain. 2nd ed. New Haven:Yale University

Press,1958.

[21] Nurmi D,Wolski R,Grzegorczyk C,et al. The Eucalyptus open-source cloud-computing system. Shanghai:Cluster Computing and the Grid,2009.

[22] Rabkin A,Katz R. Chukwa:A system for reliable large-scale log collection. San Jose:Proceedings of the 24th International Conference on Large installation System Administration,2010.

[23] Shvachko K,Kuang H,Radia S,et al. The Hadoop distributed file system. IEEE 26th Symposium on Mass Storage Systems and Technologies,2010.

[24] Waas F M. Beyond conventional data warehousing—massively parallel data processing with Greenplum database. Business Intelligence for the Real-Time Enterprise. Berlin:Springer Berlin Heidelberg,2009.

[25] Weiss R. A technical overview of the Oracle Exadata database machine and Exadata storage server. Oracle White Paper,2012.

[26] Zaharia M,Chowdhury M,Das T,et al. Resilient distributed datasets:A fault-tolerant abstraction for in-memory cluster computing. San Jose:Proceedings of the 9th USENIX Conference on Networked Systems Design and Implementation,2012.

[27] Zaharia M,Chowdury M,Franklin M J,et al. Spark:Cluster computing with working sets. Boston:Proceedings of the 2nd USENIX Conference on Hot Topics in Cloud Computing,2010.

[28] Zhao Y,Hategan M,Clifford B,et al. Swift:Fast,reliable,loosely coupled parallel computation. Salt Lake City:IEEE Workshop on Scientific Workflows,2007.

[29] Zheng Q L,Fang M,Wang S,et al. Scientific parallel computing based on Mapreduce model. Microelectronics and Computer,2009,26(8):13-17.

[30] Rajaraman A,Ullman JD. 大数据:互联网大规模数据挖掘与分布式处理. 王斌,译. 北京:人民邮电出版社,2012.

[31] Spence R. 信息可视化:交互设计. 陈雅茜,译. 北京:机械工业出版社,2012.

[32] 高汉中,沈寓实. 云时代的信息技术:资源丰盛条件下的计算机和网络新世界. 北京:北京大学出版社,2012.

[33] 金小鹿.驯服大数据的 4 个 V.中国计算机报,2012(38):7.

[34] 雷葆华,饶少阳,张洁,等.云计算解码.2 版.北京:电子工业出版社,2012.

[35] 雷万云.云计算:企业信息化建设策略与实践.北京:清华大学出版社,2010.

[36] 李国杰.大数据研究的科学价值.中国计算机学会通讯,2012(9):8-15.

[37] 李志刚,朱志军,余从国,等.大数据:大价值、大机遇、大变革.北京:电子工业出版社,2012.

[38] 刘鹏.实战 Hadoop:开启通向云计算的捷径.北京:电子工业出版社,2011.

[39] 刘鹏.云计算.北京:电子工业出版社,2010.

[40] 王鹏.云计算的关键技术与应用实例.北京:人民邮电出版社,2010.

[41] 维克托·迈尔·舍恩伯格,肯尼斯·库克耶.大数据时代.盛杨燕,周涛,译.杭州:浙江人民出版社,2013.

[42] 吴朱华.云计算核心技术剖析.北京:人民邮电出版社,2011.

[43] 杨文志.云计算技术指南:应用、平台与架构.北京:化学工业出版社,2010.

[44] 张亚勤,沈寓实,李雨航,等.云计算 360 度:微软专家纵论产业变革.北京:电子工业出版社,2013.

[45] 周爱民.大道至易:实践者的思想.北京:人民邮电出版社,2012.

索引